教育部　财政部中等职业学校教师素质提高
通信技术专业师资培训包开发项目（LBZD0

通信技术专业教学法

Tongxin Jishu Zhuanye Jiaoxuefa

教育部　财政部　组编

曾　翎　主编

段景山　万　红　执行主编

中 国 铁 道 出 版 社

２０１２年·北 京

内 容 简 介

本书为教育部、财政部实施的中等职业学校教师素质提高计划成果,是通信技术专业师资培训包开发项目(LBZD037)的主要成果之一。教材内容分为两个部分:第一部分分析专业教学特点,主要包括通信专业的现状和发展前景、通信技术专业的学生特点分析、通信技术专业的教学内容和教材分析、通信技术专业的媒体和环境创设;第二部分是专业教学法介绍及在通信技术专业的应用,重点分析的专业教学法包括引导文教学法、任务驱动教学法、模拟教学法、考察教学法、案例教学法和项目教学法,每种教学法针对通信技术专业均有教学设计的案例。

本书是通信技术专业教师培训指导用书,旨在帮助专业教师学习、更新专业知识和技能,提升教师专业教学能力和水平。

图书在版编目(CIP)数据

通信技术专业教学法/教育部,财政部组编. —北京:中国铁道出版社,2012.3
教育部 财政部中等职业学校教师素质提高计划成果
通信技术专业师资培训包开发项目.LBZD037
ISBN 978-7-113-14157-8

Ⅰ.①通… Ⅱ.①教…②财… Ⅲ.①通信技术-中等专业学校-师资培训-教材 Ⅳ.①TN91

中国版本图书馆 CIP 数据核字(2012)第 012037 号

书   名:通信技术专业教学法
作   者:教育部 财政部 组编

责任编辑:金 锋   编辑部电话:010-51873125   电子信箱:jinfeng88428@163.com
编辑助理:吕继函
封面设计:崔丽芳
责任校对:孙 玫
责任印制:李 佳

出版发行:中国铁道出版社(100054,北京市西城区右安门西街 8 号)
网   址:http://www.tdpress.com
印   刷:北京市昌平开拓印刷厂
版   次:2012 年 3 月第 1 版   2012 年 3 月第 1 次印刷
开   本:787 mm×1 092 mm   1/16   印张:8   字数:197 千
印   数:1~2 000 册
书   号:ISBN 978-7-113-14157-8
定   价:20.00 元

教育部 财政部中等职业学校教师素质提高计划成果
系列丛书

编写委员会

主　任　鲁　昕
副主任　葛道凯　赵　路　王继平　孙光奇
成　员　郭春鸣　胡成玉　张禹钦　包华影　王继平（同济大学）
　　　　刘宏杰　王　征　王克杰　李新发

专家指导委员会

主　任　刘来泉
副主任　王宪成　石伟平
成　员　翟海魂　史国栋　周耕夫　俞启定　姜大源
　　　　邓泽民　杨铭铎　周志刚　夏金星　沈　希
　　　　徐肇杰　卢双盈　曹　晔　陈吉红　和　震
　　　　韩亚兰

教育部 财政部中等职业学校教师素质提高计划成果系列丛书

通信技术专业师资培训包开发项目
（LBZD037）

项目牵头单位 电子科技大学

项目负责人 曾 翎

出版说明

    根据 2005 年全国职业教育工作会议精神和《国务院关于大力发展职业教育的决定》(国发 [2005] 35 号),教育部、财政部 2006 年 12 月印发了《关于实施中等职业学校教师素质提高计划的意见》(教职成 [2006] 13 号),决定"十一五"期间中央财政投入 5 亿元用于实施中等职业学校师资队伍建设相关项目。其中,安排 4 000 万元,支持 39 个培训工作基础好、相关学科优势明显的全国重点建设职教师资培养培训基地牵头,联合有关高等学校、职业学校、行业企业,共同开发中等职业学校重点专业师资培训方案、课程和教材(以下简称"培训包项目")。

    经过四年多的努力,培训包项目取得了丰富成果。一是开发了中等职业学校 70 个专业的教师培训包,内容包括专业教师的教学能力标准、培训方案、专业核心课程教材、专业教学法教材和培训质量评价指标体系 5 方面成果。二是开发了中等职业学校校长资格培训、提高培训和高级研修 3 个校长培训包,内容包括校长岗位职责和能力标准、培训方案、培训教材、培训质量评价指标体系 4 方面成果。三是取得了 7 项职教师资公共基础研究成果,内容包括中等职业学校德育课教师、职业指导和心理健康教育教师培训方案、培训教材,教师培训项目体系、教师资格制度、教师培训教育类公共课程、职业教育教学法和现代教育技术、教师培训网站建设等课程教材、政策研究、制度设计和信息平台等。上述成果,共整理汇编出 300 多本正式出版物。

    培训包项目的实施具有如下特点:一是系统设计框架。项目成果涵盖了从标准、方案到教材、评价的一整套内容,成果之间紧密衔接。同时,针对职教师资队伍建设的基础性问题,设计了专门的公共基础研究课题。二是坚持调研先行。项目承担单位进行了 3 000 多次调研,深度访谈 2 000 多次,发放问卷 200 多万份,调研范围覆盖了 70 多个行业和全国所有省(区、市),收集了大量翔实的一手数据和材料,为提高成果的科学性奠定了坚实基础。三是多方广泛参与。在 39 个项目牵头单位组织下,另有 110 多所国内外高等学校和科研机构、260 多个行业企业、36 个政府管理部门、277 所职业院校参加了开发工作,参与研发人员 2 100 多人,形成了政府、学校、行业、企业和科研机构共同参与的研发模式。四是突出职教特色。项目成果打破学科体系，根据职业学校教学特点，结合产业发展实际，将行动导向、工作过程系统化、任务驱动等理念应用到项目开发中，体现了职教师资培训内容和方式方法的特殊性。五是研究实践并进。几年来，项目承担单位在职业学校进行了1 000多次成果试验。阶段性成果形成后，在中等职业学校专业骨干教师国家级培训、省级培训、企业实践等活动中先行试用，不断总结经验、修改完善，提高了项目成果的针对性、应用性。六是严格过程管理。两部成立了专家指导委员会和项目管理办公室，在项目实施过程中先后组织研讨、培训和推进会近30次，来自职业教育办学、研究和管理一线的数十位领导、专家和实践工作者对成果进行了严格把关，确保了项目开发的正确方向。

作为"十一五"期间教育部、财政部实施的中等职业学校教师素质提高计划的重要内容，培训包项目的实施及所取得的成果，对于进一步完善职业教育师资培训培训体系，推动职教师资培训工作的科学化、规范化具有基础性和开创性意义。这一系列成果，既是职教师资培养培训机构开展教师培训活动的专门教材，也是职业学校教师在职自学的重要读物，同时也将为各级职业教育管理部门加强和改进职教教师管理和培训工作提供有益借鉴。希望各级教育行政部门、职教师资培训机构和职业学校要充分利用好这些成果。

为了高质量完成项目开发任务，全体项目承担单位和项目开发人员付出了巨大努力，中等职业学校教师素质提高计划专家指导委员会、项目管理办公室及相关方面的专家和同志投入了大量心血，承担出版任务的11家出版社开展了富有成效的工作。在此，我们一并表示衷心的感谢！

编写委员会
2011 年 10 月

前　言

　　为贯彻落实《国务院关于大力发展职业教育的决定》（国发［2005］35号）关于实施"职业院校教师素质提高计划"精神，切实提高中等职业学校教师队伍的整体素质，我们开发了这本用于通信技术专业的专业教学法师资培训用书。中等职业学校通信技术专业教师通过本教材的学习，将对职业教育的教学方法有整体的认知，了解通信技术专业职教特点，掌握教学所需的现代职业教育教学方法。

　　教材详细介绍了通信技术专业教学中较为实用的几种典型的行动导向教学方法，它们分别是引导文教学法、任务驱动教学法、模拟教学法、考察教学法、案例教学法和项目教学法。书中对每一种教学方法都从教学对象、教学目标、教学内容、教学媒体、设备，实施过程等几方面展开介绍和分析，力求做到教学法理论与实际应用有机结合。教材为帮助教师掌握这几种典型教学方法提供了翔实的分析和可模仿的案例，促进他们主动、自觉地将专业教学法应用到自己的教学工作中，达到提高教学质量的最终目标。

　　本书由曾翎主编，段景山、万红执行主编，具体参与编写工作的有电子科技大学通信与信息工程学院、电子科技大学继续教育学院、四川邮电职业技术学院和四川职业技术学院的骨干教师。在编写教材的过程中得到了教育部职业教育与成人教育司姜大源教授、邓泽民教授、东南大学职业技术教育学院徐肇杰教授、南京信息职业技术学院华永平教授等专家的帮助和指导，在这里对他们表示衷心的感谢。

　　教材第一部分（第1～4章）由万红主笔编写；第二部分由段景山主笔编写，其中第5章由段景山编写，第6、8、10、11章由甘忠平、陈昌海、马康波、杜玲、赖敏、曾海彬、陈光华、施刚等共同编写，第7章由朱永金和陈昌海共同编写，第9章由杨忠孝、段景山共同编写。段景山、杨忠孝在整本教材结构设计、内容修改和审定等方面做了大量工作。此外还有大量中职骨干教师参与教材编写工作的讨论，为本书提供了宝贵的建议和参考素材，在此一并表示感谢。

　　由于编者的能力和水平有限，难免出现不妥或疏漏，敬请读者不吝赐教、指正。

编　者

2011.5

i

目　录

第一部分　通信技术专业教学特点

第二部分　通信技术专业教学方法及应用

第一部分 通信技术专业教学特点

1 通信技术专业现状和发展前景

1.1 通信技术专业技术应用领域

通信,最简单的理解就是人与人沟通的方法。无论是旗语、电报、电话、还是网络,解决的最基本的问题,实际还是人与人的沟通。所以,通信就是互通信息,从这个意义上来说,通信在远古的时代就已存在。人与人之间的对话是通信,用手势表达情绪也可算是通信,古人用烽火传递战事情况是通信,快马与驿站传送文件当然也是通信。现代通信技术是随着科技的不断发展,如何采用最新的技术来不断优化通信的方式,让人与人的沟通变得更为便捷、有效。通信作为传输和交换信息的重要手段,是推动人类社会文明、进步与发展的巨大动力。通信技术和通信产业是 20 世纪 80 年代以来发展最快的领域之一,不论是在国际还是在国内都是如此,这是人类进入信息社会的重要标志之一。

21 世纪已是一个信息社会,信息交流已经成为人们生活的基本需要。随着信息社会发展进程的加快,信息与通信技术领域正面临着世界性变革,我国通信与信息产业的现代化也正处在高速发展时期。技术和信息是企业未来发展的两大重要支柱,可以这样说,谁拥有信息,谁将拥有更多的机会。通信技术是信息产业的重要基础和支柱之一,它日新月异、应用广泛。在社会各个领域和人们的日常生活中已离不开它,并且表现出产业融合日益明显,电信(通信和 IT 业)与广播电视、互联网服务、传统信息服务、信息技术服务等形成信息服务大行业。价值链和业务模式变化,产业价值链由封闭走向开放,并不断扩展和细分;电信业的商业模式发生显著变化(运营商为主导,用户为主导);提供的业务将从以传统的话音业务为主向提供综合信息服务的方向发展,IP 多媒体通信成为发展方向;宽带化、移动化、IP 化、数字内容成为主要的增长点。

纵观通信的发展,可以分为三个阶段:第一阶段是语言和文字通信阶段。在这一阶段,通信方式简单、内容单一。第二阶段是电通信阶段。1837 年,莫尔斯发明电报机,并设计莫尔斯电报码。1876 年,贝尔发明电话机。利用电磁波不仅可以传输文字,还可以传输语音,由此大大加快了通信的发展进程。1895 年,马可尼发明无线电设备,从而开创了无线电通信发展的道路。第三阶段是电子信息通信阶段。

从总体上看,通信技术实际上就是通信系统和通信网的技术。通信系统是指点对点互通所需的全部设施,而通信网是由许多通信系统组成的多点之间能相互通信的全部设施。

现代通信技术主要包含数字通信技术、程控交换技术、信息传输技术、通信网络技术、数据通信与数据网、ISDN 与 ATM 技术、宽带 IP 技术、接入网与接入技术。

1. 数字通信技术

数字通信技术 是传输数字信号的通信。通过信源发出的模拟信号经过数字终端的信源编码成为数字信号;终端发出的数字信号,经过信道编码变成适合于信道传输的数字信号;然后由调制解调器把信号调制到系统所使用的数字信道上,再传输到对端;对端经过相反的变换后,信息最终传送到信宿。数字通信以其抗干扰能力强、便于存储、处理和交换等特点,已经成为现代通信网中的最主要的通信技术基础,广泛应用于现代通信网的各种通信系统。

2. 程控交换技术

程控交换技术是指人们用专门的电子计算机根据需要把预先编好的程序存入计算机后完成通信中的各种数据在信道之间的交换。程控交换最初是由电话交换技术发展而来,由当初电话交换的人工转接、自动转接和电子转接发展到现在的程控转接技术,到后来,由于通信业务范围的不断扩大,交换的技术已经不仅仅用于电话交换,还能实现传真、数据、图像通信等交换。程控数字交换机处理速度快、体积小、容量大、灵活性强、服务功能多,便于改变交换机功能,便于建设智能网,向用户提供更多、更方便的电话服务。随着电信业务从以话音为主向以数据为主转移,交换技术也相应地从传统的电路交换技术逐步转向给予分组的数据交换和宽带交换以及适应下一代网络基于 IP 的业务综合特点的软交换方向发展。

3. 信息传输技术

信息传输技术主要包括光纤通信、数字微波通信、卫星通信、移动通信以及图像通信。

光纤是以光波为载频,以光导纤维为传输介质的一种通信方式,其主要特点是频带宽、(比常用微波频率高 $10^4 \sim 10^5$ 倍)、损耗低、中继距离长、抗电磁干扰能力强、线经细、重量轻、耐腐蚀、不怕高温等优点。

数字微波中继通信是指利用波长为 1 mm～1 m 范围内的电磁波通过中继站传输信号的一种通信方式。其主要特点为信号可以"再生"、便于数字程控交换机的连接、便于采用大规模集成电路、保密性好、数字微波系统占用频带较宽等优点,因此,虽然数字微波通信只有 20 多年的历史,却与光纤通信、卫星通信一起被国际公认为最有发展前途的三大传输手段。

卫星通信简单而言就是地球上的地面站之间利用人造地球卫星作中继站而进行的通信。其主要特点是:通信距离远(而投资费用和通信距离无关)、工作频带宽、通信容量大、适用于多种业务的传输、通信线路稳定可靠、通信质量高。

早期的通信形式属于固定点之间的通信,随着人类社会的发展,信息传递日益频繁,移动通信正是因为具有信息交流灵活、经济效益明显等优势,得到了迅速的发展。所谓移动通信,就是在运动中实现的通信,其最大的优点可以在移动的时候进行通信,方便灵活。现在的移动通信系统主要有数字移动通信系统(GSM),码分多址蜂窝移动通信系统(CDMA)。

4. 通信网络技术

通信网络技术,主要分为电话网、支撑网和智能网。电话网是进行交互型话音通信,开放电话业务的电信网。一个完整的电信网除了有以传递信息为主的业务网外,还需要有若干个用以保障业务网正常运行,增强网络功能,提高网络服务质量的支撑网络。支撑网主要包括 No.7 信令网、数字同步网和电信管理网。而智能网是在原有的网络基础上,为快速、方便、经济、灵活的生成和实现各种电信新业务而建立的附加网络。

在通信领域,信息一般可以分为话音、数据和图像三大类型。数据是具有某种含义的数字信号的组合,如字母、数字和符号等,传输时这些字母、数字和符号用离散的数字信号逐一表达出来,数据通信就是将这样的数据信号加到数据传输信道上传输,到达接收地点后再正确地恢复出原始发送的数据信息的一种通信方式。其主要特点是:人—机或机—机通信(计算机直接参与通信是数据通信的重要特征)、传输的准确性和可靠性要求高、传输速率高、通信持续时间差异大等。而数据通信网是一个由分布在各地数据终端设备、数据交换设备和数据传输链路所构成的网络,在通信协议的支持下完成数据终端之间的数据传输与数据交换。

5. 数据网

数据网是计算机技术与近代通信技术相结合的产物,它是信息采集、传送、存储及处理融为一体,并朝着更高级的综合体发展。

纵观通信技术的发展,虽然只有短短的一百多年历史,却发生了翻天覆地的变化,可以说是日新月异。交换由当初的人工转接到后来的电路转接,再到现在的程控交换和分组交换,还有可以作为分组化核心网采用的 ATM 交换机、软交换机等;用户终端由当初只是单一的固定电话到现在的卫星电话、移动电话、可视电话、IP 电话、智能终端等繁多的种类;通信业务由最初单一的话音业务发展到各种由通信和计算机结合的增值业务。随着第三代通信技术的广泛应用,第四代通信技术的蓬勃发展,人类社会已经步入信息化的社会。

1.2　通信技术发展与新设备

随着通信技术的发展,特别是 3G/NGN 等新技术的出现和投入使用,使得电信网和电信业务外延和内涵都发生了巨大的变化。

1.2.1　发展趋势分析

从网络角度看,电信网将完全基于数字传输,并具备以下的几个特征:

(1)宽带化,即网络从传输段到接入段都呈现宽带化。

(2)单一网络平台支撑多类业务-包括语音、视频及数据业务。

(3)多平台和传输网络的共存——包括无线网、电力网、有线电视网、DSL 网、3G、WLAN、卫星、数字电视。多平台的存在使得竞争更加激烈,但对用户来说选择权则大大增加。

从业务角度看,电信业务与信息服务的界限更加模糊,而且融合的趋势更趋加快。电信业务的提供方式也呈多元化发展,同样是话音业务,可能是 PSTN 网提供的,可能是 Internet 传送的,也有可能是从有线电视网络上提供,话音业务也出现了多媒体的特征,使得话音业务的范围发生了变化。具体说来,电信业务发展具有以下几个特点:

(1)电信业由以电话为主的通信服务向以数据为主的信息通信服务转移,IP 多媒体通信成为发展方向。

(2)电信服务与信息服务的融合。

(3)提供服务的信息形态由单一媒体向多媒体转移。

(4)服务方式向个性化服务转移。

(5)通信的主体将从人与人之间的通信,扩展到人与物、物与物之间的通信,渗透到人们日常生活的方方面面。

(6)移动化、宽带化、IP 化、数字内容成为主要的增长引擎。

1.2.2　技术走向分析

1. 从网络发展的总体趋势

(1)在无线接入网方面,第三代移动通信系统是移动通信的发展方向,WiMAX 技术成为宽带接入技术的一个热点,同时无线接入技术均朝着高数据速率、高性能、低比特成本、高移动性、大区域覆盖的方向发展。

(2)固定接入网的未来发展趋势是通过宽带接入 xDSL 和 PON 技术、宽窄带综合接入技术来实现高带宽、多业务的公共接入平台。

(3)在传送网中,分别通过自动光交换光网络、超长距离传输系统、超密集波分复用系统、多业务传送平台等技术实现传输网的智能化、长距离、高速率和多业务传送。

(4)交换网将向着业务与控制相分离、呼叫控制与承载控制相分离的方向发展;分组网的发展趋势是通过 IPv6、MPLS、QoS 等技术实现 IP 承载网的可扩展性、可管理性、服务质量与安全。

2. 接入层关键技术发展趋势

网络的接入层面继续呈现出多种技术共存、新兴技术不断涌现的局面,并呈现出以下特点:

支持的带宽将继续提高、支持的接入距离将继续增大、终端移动性进一步增加、无线接入成为发展热点、对用户数据安全传送更加关注、光纤接入将领导固定宽带接入技术潮流、技术融合趋势加剧。

(1)移动通信技术

第三代移动通信系统将成为移动通信领域的主导,3G 的三大主流标准(包括 WCDMA、CDMA2000 和 TD-SCDMA)在我国移动通信市场占据一席之地。第三代移动通信系统的主要特征是可提供丰富多彩的移动多媒体业务,其传输速率在高速移动环境中支持 144 kbit/s、慢速移动环境中支持 384 kbit/s、静止状态下支持 2 Mbit/s。其目标是为了提供比第二代系统更大的系统容量、更好的通信质量。在市场需求的不断推动下,3G 增强型技术,包括 HSDPA/HSUPA 的成熟,极大提高 3G 系统的上下行数据承载能力以及系统的数据承载效率。而作为 B3G 关键技术,包括正交频分复用(OFDM)、多入多出(MIMO)天线系统、自适应调制与编码(AMC)、自适应复合 ARQ 的不断发展,为 B3G 系统走向商用奠定重要基础。

(2)宽带无线接入技术

宽带无线接入技术发展和应用的热点问题主要体现在 WLAN 的安全机制改进、下一代无线局域网标准的提出、适合局域环境的超宽带接入技术 UWB 和适合城域宽带接入的技术 WiMAX 迅速发展之上。

WiMAX 基于 IEEE 802.16 标准,相对于 WLAN 的不同主要在于:WLAN 解决无线局域网问题,而 WiMAX 主要解决无线城域网问题。WiMAX 的优势主要体现在这一技术集成了 WiFi 无线接入技术的移动性与灵活性以及 xDSL 等基于线缆的传统宽带接入技术的高带宽特性,但其与 3G 相比,无论技术自身角度(广域漫游、安全特性、终端便携能力等移动特性欠缺),还是实时业务和话音业务支持能力、标准成熟度、产业规模以及技术和设备成熟性难以与 3G 抗衡。

(3)UWB 等短距离无线技术

超宽带 UWB(Ultra-WideBand)是时域数据传输技术,它完全摆脱了一般无线收发中必须采用载波调制的传统手段,成为在时域中直接操作的无线技术,具有高速率、低成本、低功耗的显著特性,也将在无线通信领域占一席之地,主要应用于高速、短距离无线通信,由于其高速、窄覆盖的特点,很适合组建家庭的高速信息网络,对蓝牙技术具有一定冲击,但对当前移动技术、WLAN 冲击不大,甚至可成为其良好的能力补充。

（4）xDSL 技术

数字用户线（xDSL）是美国贝尔通信研究所于 1989 年为推动视频点播（VOD）业务开发出的用户线高速传输技术。随着时间的推移，xDSL 已经为人们所熟悉，它分成 HDSL（高比特率 DSL）、ADSL（非对称 DSL）、RDSL（速率自适应 DSL）、VDSL（甚高速 DSL），特别是 ADSL 技术，不断得到用户和电信运营商的认可。从基于 ATM 的 DSLAM 技术向基于 IP 的 DSLAM 技术演进是当今全球电信市场最重要的发展趋势之一。而视频业务的出现是 ADSL 技术向基于 IP 的 DSLAM 演进的一个关键驱动因素。因此，ADSL 也将逐步向 VDSL 演进。目前，ADSL 仍然是我国 DSL 市场的主导技术，但是在今后 3～5 年中，我国市场中 ADSL 还是会向 VDSL 逐渐过渡，但这种过渡的速度将取决于最终用户对带宽的需求。

（5）宽带 PON 技术

宽带 PON 技术主要包括基于 ATM 的 APON、基于以太网的 EPON 及具有 Gbit/s 传送能力的 GPON。由于 APON 技术较为复杂、速率有限，未来宽带 PON 技术将在 EPON 和 GPON 间抉择。EPON 采用点到多点结构、无源光纤传输方式，下行速率目前可达到 10 Gbit/s，上行以突发的以太网包方式发送数据流，EPON 技术相对成熟，成本低，在目前更适于提供光纤接入解决方案，但 GPON 除了支持更高的速率之外，还以很高的效率支持多种业务，提供丰富的 OAM&P 功能和良好的扩展性。决定其在未来光纤接入网中有较好的发展前景。

3. 传送层关键技术发展趋势

（1）传送网技术

在传送网层面，全光网、智能化是发展趋势。光传送网向着增大容量、支持多业务、增加网络智能、开放网络接口等方向发展，在核心层上，将实现 IP 层与光传送层的融合；从目前市场需求看，未来几年 MSTP 技术将成为城域网的主角；ASON 是未来光骨干网的发展方向，但其应用将是一个渐进的发展过程。

（2）自动交换光网络技术

自动交换光网络（ASON）是下一代光网络重点发展方向之一。ASON 一直致力于大容量、高带宽、长距离的传输。

在传送平面的线路传输技术方面，OTN、分组传送网、多窗口的 WDM 系统、ROADM 和 OXC 等技术是未来发展的方向。在节点交换技术方面，未来将向 OTN 交换过渡，同时可能出现波长级别的交换。

ASON 在控制平面的发展，GMPLS 协议具有从分组一直到波长和光纤级别的控制能力，从目前 VC 级别的控制能力逐步延伸和扩展到更大颗粒的波长与更小颗粒的分组。

在管理平面，ASON 提供端到端的网络管理能力、使得资源可控制、可管理和可规划，同时要进一步提升用户体验。ASON 在光传输网络中引入资源动态管理功能，可实现网络拓扑结构自动发现、点对点电路配置、带宽动态分配等。

（3）城域网技术

MSTP 在传统 SDH 的基础上，通过支持 IP/ATM 等多业务处理，正逐渐成为城域网建设的主流技术。它可以灵活有效地支持分组数据业务，增强业务拓展能力，降低成本，有助于实现从电路交换网向分组网的过渡。新一代 MSTP 技术最明显的特点是引入了 RPR overSDH 甚至引入 MPLS 保证 QoS 和解决接入带宽公平性的问题，最终 MSTP 的演化趋势需要由市场来决定。

应用于城域环境的 WDM 系统，在具有大容量特点的同时，还具有组网灵活、易扩展、低成本和易管理等优点。城域网 WDM 将逐步演进为 OADM 光自愈环,最终引入 OXC 互连大量的光自愈环形成光网状网结构,从而带来网状网结构的大量好处。

城域以太网采用与 IP 一致的以太网帧结构,形成从局域网、接入网、城域网到广域网一致的以太网结构。

（4）波分复用技术

光交叉连接(OXC)和光分插复用(OADM)把交叉连接和分插复用的等级从电信号上升到直接以光信号的形式进行,极大地提高了传送网的交换能力;ULH(超长距离传输)系统不采用电再生中继,大大减少了光/电转换次数,从而降低网络建设和运营成本,提高了系统的传输质量和业务的可靠性。未来用 ULH＋OADM 组网将是主要趋势。

（5）IP 网技术

全 IP 网络是下一代网络的一个主要发展方向,基于 IPv4 的互联网将逐渐向以 IPv6 为基础的下一代互联网演进。MPLS 作为 IP 领域的一个分支,将在未来数据网络的发展和融合中起关键作用。IP QoS 问题的解决是网络融合的基础和保证。IP 网向可运营可管理的电信承载网络发展,逐步引入承载控制层以及服务质量管理和测量技术。

（6）IPv6 技术

IPv6 是一个新版的网络层协议,相对于 IPv4 有地址空间大、支持地址自动配置,在安全、服务质量方面有一定的改进等优点,由于地址空间扩大以及移动性管理的引入,IPv6 可以更好支持多媒体会话等移动业务。

IPv6 引入的主要推动力来自地址缺乏,但整体业务及市场发展快速的国家,如中、日、韩等。从 IPv4 到 IPv6 的演进机制包括双栈技术、隧道技术以及协议转换技术。具体实时过程中需要遵循用户透明、业务驱动、简单易行等原则,并根据具体的网络状况和业务需求采取针对性的过渡方式。可以预见,在未来的很长一段时间内,IP 网络处在 IPv4 和 IPv6 共存的时代,两者的互通和逐步演进将是一个长久的课题。

（7）MPLS 技术

多协议标志交换(MPLS)技术更好地将 IP 与 ATM 的高速交换技术结合起来,发挥两者的优势,充分利用目前 ATM 网络的各种资源,实现 IP 分组的快速转发交换;对传统的 IP 动态路由进行一些扩展,基于控制的动态路由实现 IP 业务流量控制、虚拟专网应用(BGP/MPLS VPN)及 IP 级的服务质量(IP Qos)。多协议标志交换(MPLS)技术在控制平面上由第三层路由协议负责建立路径,而在转发平面上则利用第二层的标记交换通路转发数据分组,综合了三层无连接和二层快速交换的优点。目前 MPLS 的路由控制、MPLS QoS、MPLSTE 以及三层 MPLSVPN 都已经成熟并逐步得到应用。在未来几年,基于网络融合、业务发展等的需要,MPLS 还将在二层 MPLSVPN、MPLS 及其 VPN 上的组播等技术上逐步取得突破,使得自身进一步完善。

（8）QoS 技术

在 IP QoS 体系中,集成服务面向流,基于资源预留,提供端到端服务质量保证,复杂度很高;而区分服务通过适当的流分类和优先级处理来提供相对的服务质量保证,由于其相对简单、可扩展性、可操作及可部署能力而成为主流的一种 IP QoS 体系结构。

具体的实施中,各种 QoS 技术(如区分服务、流量工程等)需要协调工作。大致的一个思路是网络层面上,当全局拥塞时增加带宽来解决,而局部拥塞则通过流量工程做负载均衡;业务层面上,通过区分服务对不同的业务进行区分,并提供不同的服务等级;在层间互通和映射上,加强应用层和网络层以及链路层的映射和匹配,注重排队、调度、拥塞、流量控制机制的应用。

结合全 IP 网络的发展趋势,业务的多样化及其重要程度的增加将使得 IPQoS 技术在大规模运营网络中变得不可或缺。可以预见,具体被采用的技术仍将符合简单、可扩展性强的特点。

（9）IP 电信网

在现有 IP 网络基础上,通过增强承载控制功能,补充必要的网络控制信令,实现业务控制层、承载控制层和承载层的信息交互,以保证业务的端到端服务质量。另外还需要加强现有 IP 网络的可运营性和可管理性,增强 IP 网络上业务和网络的性能测量技术,实现单一网络上对多业务的用户管理和业务管理,实现业务的呼叫控制、计费等功能。

IP 电信网是在传统承载网 QoS 技术上的一种扩展和增强,增加了复杂性,但也进一步迎合了运营商对于业务和网络可运营可管理的需求。其发展趋势将主要取决于业务网络的需求,其突破点在于一些主要提供高质量实时业务、面向高端用户的运营商网络。

4. 控制层关键技术发展趋势

交换网将向着业务与控制相分离、呼叫控制与承载控制相分离的方向发展;网络进行融合,尤其是固定网络和移动网络在承载控制等方面实现融合,体现为控制设备的融合、采用统一控制协议;IMS(IP 多媒体子系统)作为网络融合的基础平台,是未来核心网的发展方向。

（1）软交换技术

软交换技术是网络演进以及下一代分组网络的核心技术之一,它独立于传送网络,主要完成呼叫控制、资源分配、协议处理、路由、认证、计费等主要功能,同时可以向用户提供现有电路交换机所能提供的所有业务,并向第三方提供可编程能力。软交换技术具有开放的体系架构,它基于分组传输技术,能够提供多种接入方式,可以提供语音、多媒体等多种实时业务。从技术发展趋势来看,电路交换将向以分组技术为基础的软交换演进。不过,这种演进不会是一蹴而就的,在较长时间内电话交换网仍将与软交换网络共存。

（2）BICC 协议

在软交换应用中,BICC 协议处于分层体系结构中的呼叫控制层,提供不同软交换之间呼叫接续的支持。采用 BICC 体系架构时,可以使所有现在的功能保持不变,如号码和路由分析等,仍然使用路由概念。BICC 是在 ISUP 基础上发展起来的,在语音业务支持方面比较成熟,能够支持以前窄带所有的语音业务、补充业务和数据业务等,但 BICC 协议复杂,可扩展性差。在无线 3G 应用中,BICC 协议处于 3GPPR4 电路域核心网的 Nc 接口,提供了对（G）MSC-Server 之间呼叫接续的支持。

（3）SIP 协议

SIP(会话初始协议)可用于软交换网络和 IMS 系统中多媒体会话的建立以及各种会话控制。在软交换中的宽带域部分,SIP 可提供各类多媒体和与 Internet 结合业务的会话建立与控制。由于 SIP 的简单性、可扩展性和可用性,IMS 也使用 SIP 协议来完成语音和多媒体呼叫。SIP 相对而言,在语音业务方面没有 BICC 成熟,但它能支持较强的多媒体业务,扩展性好,根据不同的应用,可对其进行相应的扩展。

随着网络融合的逐步演进,SIP 将发挥日益重要的作用,可应用于移动、固定等多种网络环境,适用于语音、数据、视频、多媒体等多种会话类型,适合于多种交互模式,易于开发业务和第三方开放。

（4）用户数据集中管理技术

解决用户和业务融合的关键在于，用户在任一网络中接入，都可以即时得到该用户的签约数据，从而当前网络可为用户提供相应的业务和服务。目前对该问题的解决有以下方式：

①分布式解决方案：各网络有各自的用户数据存储实体。由于各网络数据存储实体的接口协议不同，而且某些网络中用户数据分散存储，给网络之间的互通造成了很多的困难。

②综合智能网/综合业务平台方案：在原有智能网的基础上引入综合业务控制点和综合业务交换点，为多个网络（PSTN/GSM/WCDMA）的用户提供综合、统一的业务。综合业务平台采用 OSA 开放业务结构来实现，较适用于新型多媒体业务和第三方业务的提供。本方案可以解决跨网络融合业务的问题，如综合 VPN。

③综合 HLR 方案：在融合网络中需要类似移动 HLR 的功能实体，以提供用户位置的寄存和访问能力，同时提供漫游用户的签约信息和业务信息，供网络判断该用户呼叫的下一步处理和接续方式。

在上述方案中，分布式方案未能体现网络融合的特点和优势，可在网络建设初期暂时采用。综合智能网/综合业务平台实现了业务的融合，综合 HLR 实现了用户的融合；两者可互相结合，在不同层面上发挥其功能。

（5）IMS 技术

IMS 技术即 IP 多媒体子系统技术。IMS 通过基于 IP 的网络来控制语音、多媒体的呼叫和会话以及与其他网络（如 PSTN、UMTS）的互联，从而支持多媒体业务。IMS 的目的是建立与接入无关、能被移动网络与固定网络共用的融合核心网。其概念最早在移动网中提出，但实际也与固网宽带软交换功能相对应，成为未来核心网的发展方向。

IMS 目前还存在如下问题：IMS 需要考虑到各种固定和移动接入网络的特征，同时避免和现网的机制发生冲突；在业务融合方面，IMS 仍不是完备的分组业务网技术体系。另外，由于涉及承载层、QOS、安全、地址不够、用户管理、业务管理、监管合法监听都是需要进一步考虑的问题。未来固网软交换与 IMS 的融合发展有如下趋势：现阶段仍以同时具备宽窄带功能的固定软交换网络为主，未来宽带软交换功能逐步为 IMS 所替代，窄带软交换功能逐渐弱化消失；在向下一代网络演进过程中，IMS 与窄带软交换将长期共存。

5. 应用层关键技术发展趋势

未来几年，业务将向多媒体化、个性化、多元化和智能化方向发展，业务体系将呈现分布式控制、开放式控制、业务提供和网络运营分离、支持网络业务的融合、完善的安全保护等特征。

（1）OSA 业务架构

开放的架构是未来业务提供的基本特征，OSA 业务体系架构是未来网络业务架构的发展目标，它是采取一种开放、标准、统一的编程接口，用于快速部署业务的开放业务平台，不但包括业务接口，还包括体系结构及 Parlay 至移动网络协议的映射，成为实现固定和移动 NGN 应用层融合的技术基础，它也将成为未来主流的业务架构体系。

（2）P2P 的分布式技术

随着 IP 互联网的普及应用，传统客户机/服务器的业务模式受到挑战，已逐渐将客户机/服务器模式推向边缘。未来几年，服务器/客户机之间的主/从通信将越来越向着分布式的 P2P 对等方式发展，这将对传统电信运营商产生巨大挑战。

（3）通用移动性

VHE 提供跨网络、跨终端的用户业务一致性，定义了"个人业务环境"（PSE）的概念，允许 PSE 在网络之间及终端之间具有可移动性，即在任何位置、任何网络、使用任何终端的情况下，都能向用户呈现相同的业务特征、用户接口和业务。PSE 是一系列签约业务、业务参数选择和终端接口参数选择的集合。根据 VHE 的概念，业务提供和网络运营可以分离，允许业务由不提供归属网络呼叫处理能力的网络来提供。

6. 支撑层关键技术发展趋势

（1）网管系统

网管系统朝着集中性的维护管理和面向用户的可管理系统、朝着跨专业的综合化网络管理方向、朝着面向业务和运维流程的网络管理发展。

（2）计费系统

计费系统已从被动的后台系统发展成为在提供服务、获得收益以及降低成本方面占据更主动地位的角色，在未来的几年里，发展趋势如下：

随着"内容增值服务"对运营商日益重要，"内容计费"领域渐成热点；采用具有分散采集预处理体系结构平台，以减少业务综合性带来的计费信息采集和处理的数据量；电信营业账务系统向综合业务平台方向发展，以适应电信业务的集成化和多关联性特点；借鉴移动预付费话音业务的成功，将后付费模式引入到数据业务中。

7. 终端和用户卡发展趋势

终端呈现出了综合化、智能化和多媒体化的发展趋势。人与人的通信将扩展到人与机器、机器与机器的通信。终端概念也在逐步扩展，除传统的通信终端外，智能家电等也将成为一种新的通信终端；终端将是多种功能和技术的集合：电话、照相机、摄像机、电视机、MP3、CD、信用卡、RFID（射频识别）⋯⋯从未来发展趋势看，用户卡向大容量、高安全性、综合性发展，卡内能存储更多的用户信息，为电子商务的开展提供了基础条件。

1.2.3　通信产品发展

电信产品和技术都在向着宽带化、智能化的方向前进，与信息应用结合得更加紧密，传送网、接入网、移动网和核心网等都迈出了一大步。

在移动通信领域，TD-SCDMA 获得突破性进展，让人认为 21 世纪 3G 增强型技术将成为主角。TD-SCDMA 系统在工程应用、组网技术、特殊场景覆盖性能等方面得到了快速提升。基站设备向着低成本、大容量、易扩展、高可靠性系列产品发展，拉远基站成为主流应用，把射频模块或基带单元集成到塔上单元中，解决了缆线等问题。智能天线逐步设计开发出电调天线、镂空天线、小型化天线和美化天线以及多系统共用天线等产品，已有部分产品应用于试验网中。增强型 3G 技术向高速率方面大大推进了一步。

在传送网领域，光通信沿着更高速率和更智能化的轨迹稳步前行。目前单波 40G 的商用传输产品都具备大容量、高带宽、长距离的特点。传送网朝着大容量的方向不断发展，并在原有点对点的基础上引入了交换的概念，交换的颗粒越来越小，这使得光网络更加智能化，对业务的支持更加灵活。新一代的光传送网具有从分组到波长的传送能力。智能光网络向前迈进了一大步，并有很大的发展空间。

在接入领域，光纤接入（FTTx）技术已经成熟，显露出不可限量的商用前景。FTTx 技术具有带宽高、容量大、传输距离长、管理维护方便的特点，是宽带接入网发展的必然趋势，国内固网运营商的宽带接入网正在进入"光进铜退"的发展阶段。

在核心网领域 IP 化是发展的趋势。对于未来的发展趋势,互联网人人参与、开放、创新的理念还要坚持;NGN 和 IMS 的无连接特点产生优势和价值,电信和互联网在相互学习中完成。IMS 与软交换将长期共存,各自在最合适的场景下发挥作用,IMS 技术的主要优势是可以支持移动性管理,具有一定的 QoS 保障机制,但提供 PSTN 业务还存在距离,而软交换是为 PSTN 业务服务的。

业务融合驱动增值应用平台。电信业最终的目的是实现多媒体化、个性化、多样化的融合信息通信,设备制造商提供的业务平台,都呈现出融合化的特征。如中兴的 Anyservice 增值业务解决方案,能够根据不同运营商的需要定制不同的业务组合,并具有快速的响应能力。UT 斯达康的奔流 IPTV 解决方案,除能提供直播电视、时移电视、VOD 点播虚拟频道等视频业务外,还支持视频电话、信息浏览、卡拉 OK、电视购物等。中国普天的移动增值业务平台支持超级彩信、电子票务、视频邮件、手机报、彩票投注、个性化回铃、彩号(一机多号)、一键通等多样化功能。

1.3 通信技术专业的典型职业工作和任务

通信产业链是包括通信设备制造商、通信建设施工商、通信运营商、通信设备供应商、内容提供商、通信代维服务商、终端供应商和消费用户。目前整个产业链还在不断地进行细分,产业分工更加细化,新的相关主体不断涌现,形成了包括支撑技术提供商、网络设备制造商、应用开发/提供商、应用聚集商、内容开发/提供商、内容聚集商、虚拟运营商、应用平台提供商、IP网络运营商和接入网络运营商等众多的主体。这些主体之间的关系也由传统的简单上下游供应关系,逐步演变为平等的伙伴关系,特别是内容提供商与通信运营商之间的关系,他们是共同面对终端用户。

在整个通信产业链上,不同的岗位对人才提出了不同的需求。总的来说通信企业的前端、管控和后端对人才的需求整体呈现金字塔形,需求大量一线从事操作、维护和服务的人员。通信技术专业中等职业人才在通信产业链中也可找到属于自己的位置。

1.3.1 通信技术专业的典型职业工作

1. 按照通信技术分类

按照技术分类,通信技术专业中等职业人才能够从事的典型职业工作有以下几类:

(1)移动通信系统中基站的建设与维护

在移动通信系统方面,中国联通、中国移动公司的网络覆盖已经达到了很高的程度,中国联通公司号称其网络覆盖率已经达到 98%,中国移动公司更称在南海、塔克拉玛干核心地带、珠穆朗玛峰都有移动信号覆盖。这说明 2G 和 2.5G 的 GSM 基站、CDMA 基站除了少数的地带没有覆盖以外,移动信号基本覆盖了全国。在 GSM、CDMA 基站的建设已经基本完成的情况下,基站的日常管理和维护是十分重要的,它是移动通信系统稳定工作的基础,是移动通信运营商为用户提供优质移动业务的前提。通信技术专业的中职学生具备从事基站日常巡查维护工作的能力。

随着 3G 牌照的发放,中国移动、联通和电信分别开始大规模地进行 TD、WCDMA 和 CDMA2000 基站的建设。移动通信基站建设方面,通信技术专业的中职学生能够从事基站天馈系统、基站电源设备的安装工作。

(2)光纤通信线路施工与维护

由于中国电信、移动和联通等运营商每年大量的基础建设的投入,特别是光纤到户、光纤进大楼以及智能化楼宇的推广,光纤通信施工与维护工作不可或缺。通信技术专业中职学生能够从事光纤施工和基本维护工作。

(3)通信终端制造和维修

通信终端包括固定通信终端和移动通信终端。截至 2011 年 7 月我国的电话用户总数已达到 12.1 亿户,其中移动电话用户 9.2 亿户,固定电话用户 2.9 亿户,用户规模双双居世界第一,移动电话用户保持着继续增长的态势。随着 3G 移动通信的商用,3G 手机、智能手机等移动终端拥有量也持续增长,达到 8 051 万户。基础电信企业互联网宽带接入用户达 1.4 亿户。在通信终端的制造、销售和维修都需要大量的人才。

(4)宽带安装与服务

通信网络从传输段到接入段都呈现宽带化,为用户提供更快的传输速度,更大的传输量,进一步缩短了与世界的距离。随着宽带业务需求量日益增长,宽带安装与服务成为了通信业务拓展和质量中的重要部分。通信技术专业中职学生应具备从事宽带安装与服务工作的能力。

2. 按照通信企业分类

按照通信企业分类,通信技术专业中职学生可以从事的典型职业有以下几种:

(1)在通信设备制造商如手机制造企业、各类通信设备制造企业等。在生产一线承担具体的生产操作工作。

(2)在通信建设施工企业,如通信建设公司从事线路施工或综合布线系统施工等工作。

(3)在通信运营商,如中国电信、中国移动、中国联通等通信运营企业,从事机房值守、宽窄带的装/移/维、通信终端的维护和营业厅营业等工作。

(4)在通信代维服务商,如各类通信代维企业从事基站巡查维护、光纤和线路维护等工作。

(5)在通信设备、终端销售、产品推销等服务业中谋职。

1.3.2 通信技术专业的典型工作任务

根据中职通信技术专业的职业岗位分析,其典型的工作任务有:

(1)通信业务客户服务;

(2)通信产品的客户服务;

(3)板件生产、组装、调试;

(4)通信设备(手机、交换机等)的生产;

(5)固定电话的维修;

(6)移动电话的维修;

(7)光缆选型、配盘;

(8)光缆敷设;

(9)光缆接续;

(10)光缆线路测试;

(11)光缆线路故障处理;

(12)网线制作、测试;

(13)用户线路测试；

(14)宽带的安装；

(15)宽带的维护；

(16)宽带的故障处理；

(17)网络操作系统安装与配置；

(18)交换机系统的操作；

(19)交换系统的维护；

(20)移动基站施工；

(21)移动基站测试；

(22)移动基站的巡查；

(23)移动基站故障处理；

(24)天馈系统的安装；

(25)天馈系统的测试；

(26)工程文件的识读；

(27)通信工程资料整理和管理；

(28)传输设备安装与调试。

1.4 通信技术专业的能力要求

通信技术专业涉及的企业简单地可以划分为三大部分，第一部分是通信设备生产制造企业，第二部分是从事通信终端产品维修的企业，第三部分是使用通信终端、设备和系统个人、企业和单位。

通信设备在生产型企业中多归属于电子产品生产。从业人员除要求对光、电信号的采集、传输和处理有一定认识外，还要求具备主要的电子电路检测、安装技能，相比之下这些企业更看重学生电子电路方面的技能。这样就为在中职学校中开设"通信技术"专业，以及设置专业中的课程带来一定的难度和困惑。

一方面，开设"通信技术专业"是企业选留人才的需求，便于企业和学生找到对口的专业，有着其他电子信息类专业不可替代的要求和培养目标。另一方面，中职学校通信专业的基础仍应以电子类课程为主，因为在通信产品的生产和维修工作中，学生的电子电路技能仍是主要的。那么，在剩下有限的课程资源中，如何准确地设定通信技术专业方向的知识和技能的培养目标，以及如何达到这些目标，是值得中职学校的管理者和教师深思、研究和不断改进的问题。

通信终端及产品的维修岗位多归属于电子产品维修范畴，如收音机、电视机的维修等。一直以来并没有严格区分通信终端和其他电子产品的维修。近年来，随着手机和数字电话、机顶盒等通信类消费电子产品逐渐走进千家万户，对维修人员的需求也在逐渐增大。这些终端的特点是集语音、图像、通信、嵌入式系统于一身，要求从业人员具备多方面的综合能力，而且相较之下，对学生的电子电路技能更为看重。

在通信设备应用领域中，主要的就业岗位在通信运营企业，如中国电信、中国联通、中国移动公司等几大通信公司。在这些通信公司所使用的有线和无线网络的通信设备中，中职学生主要是从事设备的基本监测、操作和基站的日常维护与管理工作，也有部分学生从事通信服务工作,还有部分学生从事企业内部有线通信设备(程控交换)的使用和管理工作。

通信设备和系统的维修一般都已从过去的运营商自己维护过渡到由专门的公司代理维护或生产企业直接对通信运营企业进行设备维护,其维护要求技术性较高。

根据通信企业适应通信技术专业中职学生的岗位情况,各地在进行中职通信技术专业建设时,应根据当地实际需求明确其培养目标与业务范围,明确对学生素质和技能要求。

1. 培养目标

本专业培养与我国社会主义现代化建设要求相适应,德、智、体、美等方面全面发展,掌握必需的文化科学知识和通信技术专业知识,具有在通信设备的安装、调试与维修及其相关领域从业的综合职业能力,在生产、服务、技术和管理第一线工作的,通信设备测试与维修人员。

2. 业务范围

本专业毕业生主要面向电信、广播电视、铁路、电力与交通运输等部门的通信控制中心及通信设备生产、经销等单位,从事通信设备的维护、运转与检测,一般通信设备的安装、调试与维修,通信基础建设以及通信产品的经营销售等工作。

3. 通信技术专业中职学生的素质和技能要求

(1)素质要求方面

从问卷调查、企业走访、访谈调研证实,企业对通信技术专业中职学生的综合素质很重视,包括团队合作精神、个人的责任心、吃苦的精神、协调能力和语言表达能力。

(2)知识和技能方面

针对通信技术专业中职学生从事的具体岗位,需要掌握的基本知识和专业技能应有以下几方面:

①基本知识

a. 具有相当于高中阶段的文化基础知识。

b. 掌握礼仪知识,举止适度,用语规范。

c. 掌握应用文写作知识。

d. 了解通信法规。

e. 掌握计算机基本应用知识。掌握计算机办公的日常操作。

f. 掌握英语应用知识。掌握基本的日常用语以及涉及通信业务和知识的简单专业用语。

②专业知识

a. 掌握电工基础、电子线路的基本知识。

b. 掌握数字通信技术的基本知识。

c. 掌握相应通信传输技术、通信传输网络的基本知识。

d. 掌握用户通信终端的基本知识。

e. 掌握相应通信设备、通信系统的基本知识。

f. 掌握通信线路和光缆线路的基本知识。

g. 掌握电子产品、通信设备的常用元器件与材料的基本知识。

h. 掌握市场营销的基本知识。

i. 掌握档案资料整理、保管知识。

j. 掌握程控交换系统的相关知识。

③专业技能

a. 具有计算机操作应用能力。

b. 具有网线、水晶头制作能力。

c. 具有操作和使用常用工具、常用测试仪器、仪表的能力。

d. 具有相应通信设备的安装、维护、测试、运转、维修与管理的能力。

e. 具有相应通信传输网络维护的初步能力。

f. 具有移动通信基站安装、测试、维护的能力。

g. 具有用户终端(固定电话机、移动电话机)维修能力。

h. 具有宽带、窄带装机及其维护能力。

i. 具有自主学习新知识、新技术和新业务的能力。

2 通信技术专业学生特点分析

职业学校的学生经历了小学、初中阶段的学习,身心已经有了一些发展。他们的年龄一般为16～20岁,处于青春期,接近成人。在这一时期是学生生理和心理逐渐完善的重要阶段,也是学生学习知识、增长才能,形成素质和职业能力的关键时期。充分了解和认识学生的学习心理特征,把握学生的学习心理、学习策略,对于更好地培养学生的综合素质和职业能力,实现职业教育的目标十分重要。

2.1 职业学校学生的心理特点

职业学校学生的心理与普通中学的学生相比具有其特殊性,职业学校学生的心理具有如下的一些特点:

1. 独立意识强,行为依赖性也强

随着年龄的增长,生理的发育,知识的扩展以及远离家庭等因素的影响,很多职业学校的学生对家长、对教师的崇拜开始逐渐减退,转而注意自己的言行和情感体验,对家长、老师的言行存在主观判断与取舍,对过多的提醒或教诲甚至产生反感情绪。但这些并不说明他们已具备了完全独立的准备和能力,相反,他们对家庭、学校和社会的依附性依然很强,在学习、生活和思想等方面遇到问题时,希望得到他人的指导与帮助,对家长、老师的依赖心理仍然强烈。

2. 参与意识强,行为能力参差不齐

职业学校的学生,其心理发展阶段一般正处于青年初期,他们对未来充满理想,敢说敢干,意志的坚强性与行动的自觉性有了较大的发展,只要有适宜的环境条件,他们就会积极地投身其中,充分地展示自我。但职业学校中许多学生来自农村,受周围环境与人员的影响,综合素质偏低、性格内向,即使存在某方面的特长或优势,也因为对自己信心不足,在各种活动中缩手缩脚、优柔寡断、自卑情绪明显,严重影响自身能力的发挥和才智的展露,给人一种低能的印象。

3. 自尊与自卑同在

职业学校学生,很多是普通高中或重点高中落选的,而且很多来自农村或城镇贫困家庭,再加上人们的传统观念,普遍认为就读职业学校前途不佳,从而使之感到自卑和缺乏自信,无论在学校还是在社会上都自我感觉低人一等。但这样的学生自尊心一般都比较强,他们特别看中别人对自己的评价,强烈希望通过各种途径获得别人的注意和尊重。

4. 有厌学情绪

在应试教育的体制下,在中小学阶段,相当部分教师只重视书本知识的传授。对于那些眼前用不上,今后也不知有什么作用的"教条",也要求学生死记硬背,造成学生学习兴趣索然,且这部分学生在应试教育中始终没有成功的体验。长此以往,这些学生逐步形成了厌学情绪,认为自己低能,不是学习的料,往往自暴自弃、破罐子破摔。

2.2 职校学生的学习动机

学习动机是指与学习有关的某种需要所引起的一种心理倾向,是激励和推动学生进行学习,以达到一定学习目的的内驱力。学习动机可分为深层动机、表层动机和成就动机。表层动机是指为了应付检查、考试,或应付教师、家长和学校的要求而进行学习;深层动机是指对学习有内在兴趣、为掌握知识、掌握技能或发展能力而进行学习;成就动机是为获得好的学习成绩、得到表扬、求得某种地位或为将来的工作而学习。

职校学生学习中,学习动机产生于对学习的需要。对于学生来说,这种需要是社会、家庭和学校教育对学生学习的客观要求在学生头脑中的反映。学习动机与学习的目的、行为密切相关。

总的来说,职业学校的学生由于自身的文化素质不高,自我约束力不强,学生比较缺乏明确的学习目标和积极的学习态度,对专业和职业的认知比较模糊,学习动机不强或缺乏。

2.3 职校学生的学习策略

学习者为了提高学习的效果和效率,有目的、有意识地制定的有关学习过程的复杂方案。职业学校的学生的学习策略主要有:

1. 认知策略

中职学生的认知特点偏重形象思维,在组织教学中一定要突出这一特点,多采用形象直观的教学形式、教学情景,多设计实践动手形式的教学,尽量少设计说教式的理论、复杂的演绎、公式推导等教学内容。

通信专业的职业技能培养,先要让学生学习了解技能操作的全过程以及相关知识,了解技能的操作要求、操作方法、安全操作注意事项以及操作过程中如何自检和故障分析与处理等。例如,学生进行程控交换机实训操作时,就应先了解程控交换机的主要结构,以及每个模块的作用,了解程控交换机的操作命令、维护流程、故障处理方法等。职业技能相关知识的认知学习是实际操作的基础,在教师示范操作、言语描述分析下,学生要认真观察思考。一方面,教师要严格按操作规程分步骤示范,每一个动作都必须准确无误,同时一边示范一边讲解;另一方面,学生在教师示范讲解时,要集中注意力仔细观察,认真倾听,既要了解职业技能操作的各部分子技能,同时运用已学过的知识来理解操作过程中的因果关系以及子技能之间的相互联系,又要知道为什么要这样操作。

2. 操练策略

在初步掌握相关职业技能知识基础上,通过反复操练,才能把静态的技能知识转化为动态的动作操作。先从模仿教师的示范动作开始。最初学生头脑中的职业技能知识是零散的,刚开始操作技能的练习时,可能比较笨拙、忙乱,容易出错,掌握的也只是局部动作、稍复杂的动作就不协调。随着练习次数的增加以及对职业技能动作的揣摩、领悟,学生头脑中零散的职业技能知识逐渐系统化,局部的动作技能慢慢熟练,通过反复操作练习,各个动作交替过渡,在各个工序的职业操作技能形成的基础上,局部动作慢慢衔接、连贯,逐步消除动作间的干扰,职业技能的操作速度不断加快,协调性、灵活性、稳定性也渐渐形成。

　　苏霍姆林斯基这样说过："没有也不可能有抽象的学生,教育教学的技巧在于使每一个儿童的力量和可能性发挥出来,使他享受到成功的快乐!"针对职业学校的教育,在充分认识和掌握了学生的心理和认知特点、学习动机后,我们也相信"没有教不好的学生",相信在阳光的普照下每一位职校的学子都会健康快乐的成长。

3 通信技术专业教学内容和教材分析

职业教育是以培养面向生产、服务、管理第一线的应用型人才为目标的,以职业能力培养为主要特征的教育。通信技术专业是以培养面向通信与信息行业的生产、服务、管理第一线的应用型人才为目标的职业教育,其培养目标的实现必须以科学合理的教学和教学组织为基础。

3.1 典型工作任务分析和教学目标

职业教育必须以职业活动为导向,以能力为目标,以学生为主体,以素质为基础,以项目或工作任务为载体组织开展教学活动。因此,务必按照职业教育的理念、方法和要求进行专业课程的设计、教学内容的选择及教学组织。

工作任务分析是指对本专业所对应的职业或职业群中需要完成的任务进行分解的过程,目的在于掌握其具体的工作内容以及完成该任务需要的职业能力。分析的对象是工作而不是员工。其要求是把本专业所涉及的职业活动(包括专门化方向)分解成若干相对独立的工作项目,再对工作项目进行分析,获得每个工作项目的具体工作任务,并对完成任务应掌握的职业能力做出较为详细的描述。同时要对工作项目、工作任务、职业能力按逻辑关系进行排序。所以,工作任务分析的层次是"职业"——"岗位"——"任务"——"任务行为"——"职业能力"。

工作项目是指一组具有相关性的工作任务组成的工作领域。它可能与工作岗位相对应,也可能不对应,主要取决于不同职业的劳动组织形式。工作项目的确定有多种划分方式,有的可以按工作性质来划分,有的可以按工作过程或工作流程来划分。工作项目不能理解为就是专门化方向。工作任务是指工作过程中需要完成的具有相对独立性的任务(如宽带业务安装)。职业能力是指完成工作任务需要采取的操作性技能,包括动作技能和智慧技能,如"示波器使用"是动作技能,"基站故障判断"是智慧技能。对工作任务做进一步分解即可获得职业能力。

工作任务分析是专业教学标准开发中一项关键性工作,也是专业教学标准开发的主要成果和特色所在。其成果直接影响到后续开发工作,包括课程结构分析、专业核心课程和专门化方向课程的设置,课程内容中典型产品(服务)的选择,技能考核项目的确定,专业课程标准的开发以及实训室的划分和功能的确定等等。

在工作任务分析的基础上形成"任务与职业能力分析表"。下面以通信动力系统维护为例,对其进行工作任务分析得到任务职业能力分析表,见表 3.1。

表 3.1 通信动力机务员任务与职业能力分析表

工作项目	工作任务	职业能力
1. 直流供电系统维护	1-1 直流配电日常检查	1-1-1 会查看菜单中的参数 1-1-2 会查看告警内容 1-1-3 会处理告警 1-1-4 会使用万用表 1-1-5 会使用钳形电流表

续上表

工作项目	工作任务	职业能力
1. 直流供电系统维护	1-2 熔断器检查与更换	1-2-1 会更换熔丝且操作符合规范 1-2-2 能正确选择熔丝
	1-3 直流压降测量和直流杂音测量	1-3-1 会操作交流配电单元和监控模块 1-3-2 会使蓄电池组处于单独放电状态 1-3-3 能正确使用仪表进行直流压降测量和直流杂音测量
2. 蓄电池维护	2-1 阀控式铅酸蓄电池的日常检查	2-1-1 掌握蓄电池各组成部分的结构 2-1-2 会正确使用仪表（四位半数字万用表、直流钳形电流表）进行测量
	2-2 充电设备有关蓄电池的参数检查及设置	2-2-1 能正确操作监控模块
	2-3 蓄电池的周期检测	2-3-1 能正确使用仪表测量蓄电池检测项目
	2-4 蓄电池的故障处理	2-4-1 会使用仪表查找故障 2-4-2 能处理故障
3. 交流供电系统维护	3-1 交流配电屏的日常检查	3-1-1 会使用万用表 3-1-2 会使用钳形电流表 3-1-3 会使用电力谐波分析仪
	3-2 交流参数的设置	3-2-1 掌握交流配电屏菜单的操作规范 3-2-2 会设置交流配电屏菜单 3-2-3 掌握日常数据是否合格的判断标准，并能做出是否合格的判断
	3-3 交流参数的周期检测	3-3-1 会使用电力谐波分析仪 3-3-2 掌握交流参数的判断标准，并能做出是否合格的判断
4. UPS 维护	4-1 UPS 日常检查	4-1-1 掌握 UPS 工作原理和日常操作维护方法 4-1-2 掌握 UPS 的运行方式
	4-2 UPS 周期检测	4-2-1 能熟练完成 UPS 操作：UPS 开机加载步骤；UPS 从正常运行到维护旁路的步骤；UPS 关机步骤；UPS 的复位 4-2-2 会制定 UPS 并机方案 4-2-3 能完成 UPS 操作运行方式之间互相切换
	4-3 UPS 进网测试	4-3-1 掌握 UPS 工作原理和日常操作维护方法 4-3-2 掌握 UPS 的运行方式 4-3-3 能调整 UPS 参数 4-3-4 掌握各种 UPS 主要性能和技术指标
5. 通信接地与防雷	5-1 接地系统日常检查	5-1-1 会查看接地系统的组成 5-1-2 会测试接地系统电压
	5-2 接地电阻的测量	5-2-1 掌握接地电阻测量仪的使用方法 5-2-2 掌握电阻测量的三种方法
	5-3 避雷器的检测与更换	5-3-1 会检测避雷器 5-3-2 会更换避雷器

3.2　教学内容的选择

　　教学内容是学生应该掌握的知识与技能，应获得的思想、观点、态度以及良好行为习惯形成的总和。职业教育的教学内容的选择是在能力和素质基础的内涵的研究基础上进行。为实现学生知识、技能和态度等有效的迁移和整合，教学内容的选择和编排就十分重要。

教学内容在选择时,应遵循科学性、发展性、可接受性、时代性和多功能性的原则。科学性即教学内容的观点必须准确、论据确实、表述规范;发展性即是教学内容蕴涵了培养学生能力的显著成分与价值,通过教学能显著地促进学生发展;可接受性是指立足于培养目标,把高难度和量力性有机结合起来,使教学内容的难度在学生通过努力可以达到程度上;时代性指教学内容不仅要包含本专业成熟的知识体系和技术设备,也要包含本专业发展的最新成果,体现现代社会甚至未来社会所要求的知识,具有鲜明的时代特点;多功能性指同一教学内容尽可能地可以达到多种教学目标,培养学生的知识、技能以及认知策略和态度。

教学内容选择的具体方法:

(1)根据能力培养目标,针对某一单项素质或单项能力进行分析,列出其操作的步骤、活动内容、所需相关知识、能力。

(2)根据素质和能力表确定必需的教学内容。

(3)根据教学的需要,筛选各种示例。示例一般选用实例。

在职业教育中教学内容的选择应强调"行动知识",即掌握那些对于职业行动重要的应用知识,这是教学内容的首选。

例如,在《移动通信基站维护》课程中,教学内容的选择围绕职业岗位工作选择相应的教学内容,其分析选择的步骤是:首先,明确的是移动通信基站维护中需要完成哪些工作任务;其次,是完成这些工作任务需要应用哪些策略、有哪些方法;第三,完成这些工作任务应用的策略和方法应具备哪些知识和技能——这些知识和技能是应选择的教学内容。

该课程工作能力图如图3.1所示。

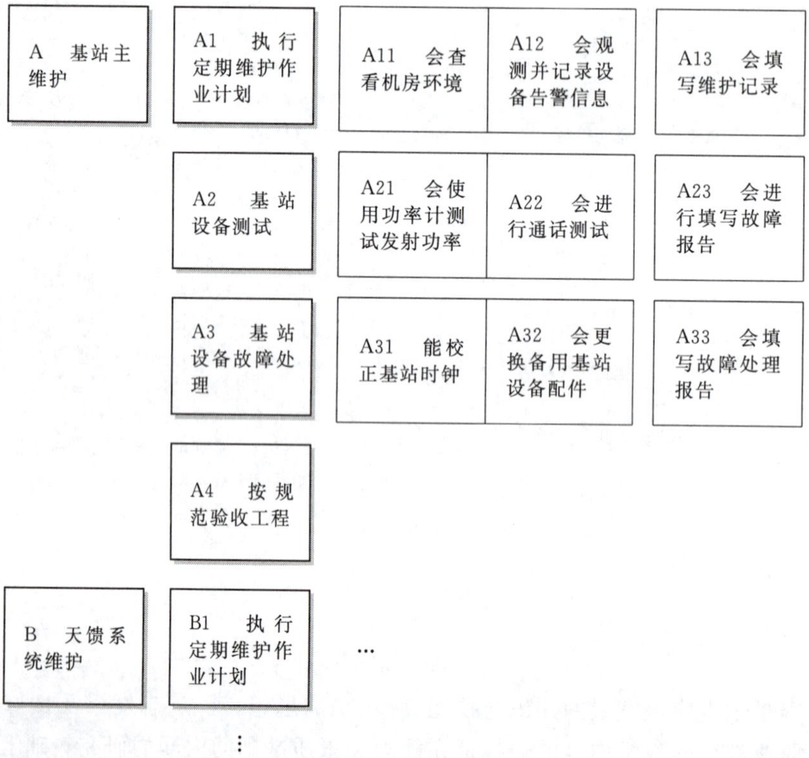

A 基站主维护	A1 执行定期维护作业计划	A11 会查看机房环境	A12 会观测并记录设备告警信息	A13 会填写维护记录
	A2 基站设备测试	A21 会使用功率计测试发射功率	A22 会进行通话测试	A23 会进行填写故障报告
	A3 基站设备故障处理	A31 能校正基站时钟	A32 会更换备用基站设备配件	A33 会填写故障处理报告
	A4 按规范验收工程			
B 天馈系统维护	B1 执行定期维护作业计划	…		

⋮

图 3.1 移动基站维护工作能力图表

由此确定《移动通信基站维护》课程中的教学内容如下：

◆ 基站主体设备
    ＊ 基础知识
    ＊ 基站主设备硬件结构
       爱立信基站设备介绍
       华为基站设备介绍
       中兴基站设备介绍

◆ 基站维护规范
    ＊ 基站维护
       维护的分类
       维护操作指导
    ＊ 基站维护规范

◆ 天馈线系统
    ＊ 基础知识
    ＊ 天线、馈线、天馈避雷器、塔顶放大器介绍
    ＊ 天馈系统安装检查
       检查馈线、接地排、馈线密封窗
       检查天线、检查跳线和塔放

◆ 基站常见故障处理
    ＊ 天馈系统故障分析与定位
    ＊ MOTOROLA 基站常见故障分析及处理
    ＊ 华为设备维护及常见故障处理
    ＊ 中兴基站常见故障维护与处理

3.3 教学内容的组织

职业教育在教学内容确定后，教学内容组织的科学性、合理性将是教学目标实现的关键。

教学内容的组织作为教学工作的重要环节，它直接影响学生的学习兴趣与学习效果。教学内容的组织要根据职业素质和能力分析的结果，按照课程内容组织要符合学生的学习心理特点、学习动机和能力发展规律的原则，将专业知识、技能组织起来，完成教学内容的组织。

3.3.1 教学内容组织的原则

通信技术专业教学内容的组织要注重遵循以下几个原则：

1. 以人的认知序和工作任务序相结合组织教学内容

从人的学习来看，人的认知有内在的程序性和连贯性。如从已知到未知、从感知到理解、从巩固到应用、从具体到抽象、从易到难、由简到繁、由近及远，由普通推至特殊，或由特殊推至普通等等，这是学习者的认知的"序"。职业岗位的实际工作任务的完成也有一个序，按照工作的序完成每一阶段的工作，由此完成这项工作。

通信技术专业职业教育，培养的是技能应用型人才。因此教学内容的组织既应考虑工作的序，又必须遵循学生认知的序，只有通过对教学内容的合理组织把知识结构、学生的认知结构和工作序很好地结合起来，才会有利于学生快速有效地掌握知识和技能。如可以任务为导

向组织教学内容,结合学生毕业后所从事职业的真实典型任务设计,使得学生内心产生真实的需求,这种需求容易促进其产生学习的内在动力。

2. 一体化与网络化结合组织教学内容

知识之间是纵横联系交错、相互沟通的。因此在教学内容的组织时要遵循一体化与网络化结合的原则。从纵的方面看,知识脉络要清楚,上下位联系应环环相扣,符合人的认知序。对重难点内容要前有铺垫,后有延伸、发展。从横的方面看,本门课程理论知识和技能融合,本专业的各门课程层次清晰,相互补充,相互联系、贯通与渗透,形成整体。

3. 最优化的组织教学内容

"最优化"指通过教学内容的合理、最佳组织,注重激发学生的学习兴趣,促使学生能在最短的学习时间内获得最佳的学习效果。学习受多种因素制约,教学内容的组织也应有多种不同方式。虽然不同的组织形式均可达到同一教学目标,但其效能却大不一样。因此,我们在进行教学内容组织时,除考虑各部分外,既要充分考虑各种制约因素的协调,又要把握各部分内容上下左右的衔接,才能达到整体最优化的效果。通信技术专业的教学中,可以通过设置恰当的学习目标,创设职业情景,激发学生的好奇心和求知欲,提高学生的学习兴趣。让学生在"生疑—思疑—释疑"的往复中,不断拓展思维的广度和深度,学会发现问题,解决问题的方法。

3.3.2 教学内容的组织方式

教学内容的组织包含两方面的内容,一是教学内容的取舍,二是教学内容顺序的编排。教学内容的取舍一般根据教学大纲和教学课时数来进行,在此不再赘述。这里着重对教学内容的顺序编排方式进行一些分析与讨论。

通常教学内容顺序的编排方式有如下三种:按教材顺序组织教学内容;按知识体系组织教学内容;按照实际应用组织教学内容。

1. 按教材顺序组织教学内容

就是对教材内容进行适当选取之后,直接按照教材的编排顺序进行讲授,不用对所讲内容的顺序进行重新组织。这种方式的优点是教师的工作量少,学生看书比较容易。缺点是受教材局限,教学效果与教材本身的编写质量关系较大。

2. 按知识体系组织教学内容

把经过选取的教学内容按照知识体系进行顺序编排,一般要对教材的内容进行重新组织。这种方式能够让学生全面了解学习内容,对整个教学内容脉络清晰。缺点是容易变成面面具到或对知识的简单罗列,不容易吸引学生的注意力,不适应职业教育的要求。

3. 按照实际应用组织教学内容

从学习者应用这部分知识进行实际工作的顺序来组织教学内容。这种方式能够抓住学生心理,吸引学生的注意力,将内容一步一步引向深入。缺点是若组织不当,可能造成知识的不完整性。

职业教育中教学内容的组织按照实际工作,按照职业情境进行组织和设计,如按照职业情境对用户终端维修中的相关教学内容进行组织,举例见表3.2、表3.3、表3.4。

表3.2　任务领域方案设计(职业情境汇总表)

任务领域名称	用户通信终端维修	学时	24	学期	4
职业任务领域: 用户通信终端维护技术人员在接收到设备之后,要根据型号迅速判断原因,查找出现的问题,并能由经验和理论分析想出解决方法,最终完成维护工作					

学习目标:

1. 理解通信原理,能熟悉电话机、手机工作原理
2. 掌握电子测量知识和技能,能对设备进行功能测试,对出故障设备迅速发现问题所在
3. 具有对元器件基本判断的能力,并对各种器件封装有所了解
4. 具有焊接的基本技能,特别是对贴片封装的焊接技术
5. 遵守操作规范,具有静电防护相关知识
6. 整理维护记录并存档

职业情境	学时	能　力　目　标	备注
固定电话维修	12	熟悉几种常用的固定电话机型;分析总结电话机常见的问题,并能根据其工作原理,提出解决方法	
移动电话维修	12	熟悉几种常用的手机机型;分析总结手机常见的问题,并能根据其工作原理,提出解决方法;在所提供的手机机上进行实践操作,要求具有举一反三的能力	

工作与学习内容		
对象(在完成工作中需要操作的设备、编写的文件和程序等) 1. 用户通信终端设备 2. 焊接设备 3. 万用表 4. 示波器 5. 信号发生器 6. 电源	工具(完成任务要用到哪些工具和器材) 　1. 用户通信终端设备;2. 通信终端设备的使用手册;3. 通信终端设备的技术文档;4. 焊接设备;5. 焊接设备使用说明;6. 万用表;7. 示波器;8. 信号发生器;9. 电源;10. 各种测量仪器使用说明 方　　　法 1. 问题症结分析方法 2. 能模块测试方法 3. 器件好坏判断方法 4. 各种电子测量仪器的选用方法 5. 用户通信终端设备检验方法 工作组织 1. 小组分工协作 2. 不同工作部门之间的合作	要　　　求 1. 符合操作安全规范 2. 符合成本节约要求 3. 符合电子测量相关技术标准要求 4. 工作现场符合5S要求

表 3.3　职业情境设计表(1)

职业情境:固定电话维修	学时:12

1. 学习目标
掌握电话机工作的基本原理,熟悉几种常用的机型;分析总结电话机常见的问题,并能根据其工作原理,提出解决方法;学生在所提供的电话机上进行实践操作,也要求学生具有举一反三的能力

2. 教学方法建议
案例分析引导法、示范并让其实际操作

3. 教学实施

工作过程	工作　任务	教学组织	学时
信息收集	掌握电话机基本原理,熟悉电话机常见问题,了解电话机正常工作时各功能模块参数,了解功能模块中的关键元器件的作用	公布项目任务,教师协调下的学生自愿分组,明确分工;提出信息收集建议,提供获取所需材料的方法与途径信息;重视电话机各模块功能分析和常见问题总结	2
计划	根据工作原理及信号流分析,制定检查维修步骤和操作规范,以及准备焊接和测试工具	对检查维修步骤和操作规范,提出可行性方面的质疑,提供指导意见,制定重要节点的项目进度检查计划	2
实施	根据检查维修步骤和操作规范,利用电子测量工具,对电话机进行检查维修	加强培养其独立解决问题能力,运用开发启导教学方法	6
检查评估	分析工作过程,提出改进措施等;技术文档归档;完成个人任务报告;撰写小组自评报告	评估项目完成质量,关注团队合作、敬业勤业评估等	2

续上表

4. 对象
固定电话机、焊接设备、各种电子测量仪器、固定电话使用文档和技术文档

5. 工具
各种电子测量仪器,焊接工具,固定电话机,测量仪器的规范、图表、手册,固定电话使用文档和技术文档,课件,黑板,多媒体等

6. 教学重点
电话机基本功能模块,常见问题分析总结,各种仪器使用方法,焊接技术

7. 考核与评价
成果评定60%
教师评价25%
自我评价15%

表 3.4　职业情境设计表（2）

职业情境:移动电话维修		学时:12	
1. 学习目标 掌握手机工作的基本原理,熟悉几种常用的机型;分析总结手机常见的问题,并能根据其工作原理,提出解决方法;在所提供的手机上进行实践操作,要求具有举一反三的能力			
2. 教学方法建议 案例分析引导法、示范并让其实际操作			
3. 教学实施			
工作过程	工作任务	教学组织	学时
信息收集	掌握手机基本原理,熟悉手机常见问题,了解手机正常工作时各功能模块参数,了解功能模块中的关键元器件的作用	公布项目任务,教师协调下的学生自愿分组,明确分工;提出信息收集建议,提供获取所需材料的方法与途径信息;重视电话机各模块功能分析和常见问题总结	2
计划	根据工作原理分析,制定检查维修步骤和操作规范,以及准备焊接和测试工具	对检查维修步骤和操作规范,提出可行性方面的质疑,提供指导意见,制定重要节点的项目进度检查计划	2
实施	根据检查维修步骤和操作规范,利用电子测量工具,对手机进行检查维修	加强培养其独立解决问题能力,运用开发启导教学方法	6
检查评估	分析工作过程,提出改进措施等;技术文档归档;完成个人任务报告;撰写小组自评报告	评估项目完成质量,关注团队合作、敬业勤业评估等	2
4. 对象 手机、焊接设备、各种电子测量仪器、固定电话使用文档和技术文档			
5. 工具 各种电子测量仪器,手机测试仪、焊接工具,手机,测量仪器的规范、图表、手册,移动电话使用文档和技术文档,课件,黑板,多媒体等			
6. 教学重点 手机基本功能模块,常见问题分析总结,各种仪器使用方法,焊接技术			
7. 考核与评价 成果评定60% 教师评价25% 自我评价15%			

4 通信技术专业的媒体和环境创设

职业素养和职业能力的培养有赖于让学生置身于"真实"的职业环境。在通信技术专业的教学过程中,媒体的使用和职业环境的创设,对学生职业素养和职业能力的培养起着十分重要的保障作用。

4.1 通信技术专业的典型教学媒体种类和特点

教学离不开教学信息的传输,而教学信息传输的数量和质量取决于传播教学信息的载体。教学媒体是指在教学过程中呈现信息的手段和工具。在教学过程中,教师运用媒体把教学内容的信息传输给学生,学生则通过媒体接受教学内容的信息。

教学媒体有许多不同类型。《美国大百科全书》将教学媒体分为:印刷材料,如书本、杂志等;图示媒介,如地图或投影显示等;照片媒介,如照片、幻灯片、电影;电子媒介,包括录音、录像设备等。有人则将媒体分为实物和人、投影视觉材料、听觉材料、印刷材料、演示材料。

媒体在教学中起着以下的作用:

(1)展现事实,形成表象;

(2)创设情景,建立提供经验;

(3)提供示范,利于模仿;

(4)呈现过程,解释原理;

(5)设疑思辨,解决问题。

教学媒体的选择要从其表现力、重现力、接触面、参与性和受控性等几个方面进行考虑。

通信技术专业在教学中运用的典型的教学媒体有以下几类:

1. 非投影类的视觉辅助媒体

这类教学媒体包括实物、图表资料以及用于视觉呈现的设施——黑板及其改进后的呈现板(如白板、磁力板)。

黑板是学校教学中最常使用的媒体。在教师授课过程中,它可以用于支持语言交流活动,非常适合用于描述教学的内容。但它最大的缺点就是需要使用者花费大量的时间去书写,这样必然会减少课堂教学的信息量,且当教师背对学生书写时,容易失去对学生应有的控制,且无法看到学生对板书内容的反应,影响教学效果。

实物能够将要学习的东西活生生地呈现在学生面前,直观生动。可以帮助学生理解,加深学生的印象。通信技术专业中所介绍的各类通信典型设备,如程控交换机、高频开关电源、移动通信基站、光纤熔接机等,可利用实物进行现场教学或模拟教学,对学生的职业意识和职业能力培养作用巨大。由于通信设备和仪器的技术进步快,更新换代的速度也快,同时其造价相对高昂,要获得通信专业的实物往往需要花费很大的代价。

图表资料是一种经过特殊设计的二维的非照片类的教学媒体,它的特点是可以将所要传达的信息及其相互关系以简明扼要的方式呈现出来,有助于学生把握结构,加深理解,增进记忆。但是图表资料只能表达有相互关联的一些机构、数据量之间的关系，应用的范围较窄。

2. 投影类视觉辅助媒体

投影仪是通过光和各种放大设备将信息投射到一个平面上以便于学习者观察学习的教学辅助设施。

投影仪是目前课堂教学中最为广泛使用的视觉辅助设备之一。它的优点是：教师可以事先把许多重要的内容写在透明胶片上，因而可以大大节省上课时板书的时间；教师使用投影仪时，可以始终面对学生，保持相互之间的交流；投影仪可以投射各种类型的透明胶片，并且可以在胶片上加上各种强调记号，便于教师进行教学；投影器操作简便，投影胶片容易制作，便于储存。但是投影无法对印刷资料和其他的非投影材料进行投影，有时使用起来不太方便。它最大特点是能以静止的方式表现事物的特性，让学生详细地观察放大的清晰图像或事物的细节。

3. 多媒体辅助系统

多媒体系统是各种媒体结合起来使用，综合两个以上媒体而形成的教学辅助设备。它既可能是由传统的视听媒体组成的多媒体装备，也可以是综合了文本、图像、声音、录像等的电脑多媒体系统。电脑多媒体系统除了可以为学习者参与学习提供丰富的视听信息、刺激外，还可以为学习者提供更好的个人控制学习系统，使学习过程变得富有个性，在实现教学活动个性化方面拥有明显的优势。计算机辅助教学软件具有高速、准确、储藏量大，能模拟逼真的现场、事物发生的进程，且动静结合、表现力强等的特性。它的不足之处是软硬件花费比较昂贵，并且开发与通信技术专业相适应的教学、学习软件或课件需要大量的投入，这在很大程度上阻碍了它在教学中的使用。

4. 辅助教学光盘

为通信技术专业的各门课程摄制的示范教学的光盘，供辅助教学之用。在不具备相应的教学条件的情况下，教学光盘具有形象、生动和直观的特点，能够让学生清楚地看到，并了解通信企业以及相应的通信设备，这类教学光盘尤其适应于教学条件较差，通信类设备缺乏的地区。光盘的教学内容可以是动画、电影、视频、课件等形式，展现哪些工作现场、昂贵的仪器、设备、有害的、工作难于遇见无法再现的故障、特殊情形等教学内容，这是低成本、具有很好教学效果、容量的、易于收藏和保存的媒体。但不具备让学生实践动手的条件，缺乏可操作性。

4.2 通信技术专业的教学环境创设

教学环境是教学活动赖以进行的存在系统，不同的教学环境会影响甚至决定教学的性质和成果。职业教育实施过程中，教学环境创设对其培养效果起着促进作用。通信技术专业职业教育教学中的环境创设要以学生为中心，遵循学生学习动机发展和职业能力形成的规律，营造职业氛围。通信技术专业的教学环境创设要从物理环境和心理环境两个方面入手。

4.2.1 物理环境的创设

物理环境是指师生所处的课堂教学的微观物理环境，从其自身特点来看。它属于一种有形的硬环境，如教室布置、洁净状况、空气光线、周边噪声程度等等。如前苏联著名教育家苏霍姆林斯基所说的："孩子在他周围——在走廊的墙壁上、在教室、在活动室里——经常看到的一切，对他精神面貌的形成具有重大的意义。"

职业教育中物理环境的创设对学生职业素养的培养，职业能力的形成具有十分重要的意义。通过模拟的职业教学环境的创设能够激发学生的学习兴趣、探索精神;通过模拟的职业教学环境的创设能够培养学生的职业能力,使学生形成明确的职业意识,培养合作与共事的能力,使学生熟练掌握通信职业要求的的主要知识、技能、态度和关键能力。

在通信技术专业的教学过程中要注重建立"仿真"的模拟化的职业环境。

一方面是实践教学环境的创设。依据通信企业的机房布局建立仿真的实验实训教学环境,通信设备尽可能采用通信企业在网运行设备;通信设备的布局,走线架的架设,线路的走向和设备的连接等,均按照通信企业建设标准建设;实验实训室中将通信企业的相关操作流程和规范、职业规范等布置上墙。

另一方面是课堂教学环境的创设。主要是在通信类专业的教学班级的教室布置方面,将相关通信企业的理念、愿景等上墙,如中国电信的"用户至上、用心服务",中国移动的"正德厚生、臻于至善",让学生能够在学习过程中受到企业文化潜移默化的影响,认同企业的理念,进一步促进职业意识的培养和形成。

4.2.2 心理环境的创设

人在极其广阔的生活空间中,周围现实的各种要素,在形成人的心理品质上都起着特殊的作用。客观环境中的各种事物不以人的意志为转移而客观存在,但只有在它们为人所感受和体验时,才能对人的心理与行为产生影响。这些对人的心理产生了实际影响的环境因素,即被反映到心理世界中来,在人的头脑中形成的环境映象,称之为"心理环境",它是指对人的心理发挥着实际影响的社会生活环境,包括对人产生影响的一切人、事、物。心理环境是一种无形的软环境,主要以社会各种心理气氛和人际关系表现出来。教学环境的设计应是包括了教师的自我变革在内的"人的情境"——"对话场"或"关系场"的设计。在这里,"学"是学生借助于能动地形成经验而发现意义的过程;"教"则是教师帮助学生发现、理解教材的意义,并付诸行动的技术过程。从这个意义上说,教师应算是最重要的教育环境。教师必须承担起为学生提供安全心理环境的责任,真正让课堂焕发生命活力,充溢人文气息与关怀,促进学生职业素养的培养。

1. 教学心理环境营造的原则

(1)快乐性原则

营造良好的教学心理环境,其目的是要使学生享受到积极、愉快的情绪体验,因此,在营造教学环境时,应该突出教学心理环境的快乐性原则。学生的认识过程是一个伴有情绪反应的过程,情绪对认知有一定的组织和瓦解作用。现代心理学的研究表明,不愉快的事情往往不经意识就被知觉所抵制。室内安逸舒适、气氛热烈活跃、情境生动感人、教师教学富有创造性和艺术性等是快乐原则的一般要求。

(2)统一性原则

这里主要指的是教学心理环境在内容和形式上的统一性。良好的教学心理环境的作用发挥要依靠外在形式将实质性的内容表现出来。因此,在保证内涵作用的前提下,可以根据需要选择多种形式。但是,教学心理环境作用的发挥主要是通过心理环境气氛的营造而对主体的心理产生影响,因此,心理环境的内容才是营造的重点,形式必须要为内容服务,要避免只重形式而忽略了更为重要的内容。应该将两者结合起来考虑。

2. 教师在教学心理坏境营造中的做法

教师是教学心理环境的创设者和调控者,对良好的教学心理环境的营造起主导作用。教师可以从以下几个方面入手：

首先，要为学生营造一安全、民主的课堂氛围。所谓的人文气息，首先是教师在课堂上表现出来的对每个学生的尊重和真诚的关爱。"教学是情感活动过程，如果能形成真实、尊重、理解的教学气氛，那么，由情感推动着的'教学参与'活动，会导致奇迹般的教学效果发生。"教学并不仅在于知识的传授，而是以心理气氛的形成为准绳。每一个学生都应从教师身上感受到对自己的理解、信任与尊重。真正的教育是不求索取的全身心的投入，能打动人心的只有人心。教师面带微笑，亲切和蔼地与学生交流，师生之间没有心理距离，教学就先成功了一半。温暖而有鼓励性的教学气氛能在心理上给学生一种安全感。把教室变成一个相互尊重、共同提高的场所。

其次，是创设和谐平等的师生关系。师生关系是教育中最基本的关系之一。其和谐与否，直接关系到教育的现实绩效。学生是一能动主体，在教师指导下发展自己的认知、情感、能力与个性。教学环境的创设要求教师与学生建立一种"你—我"对话的平等关系，师生之间相互尊重信任，共享知识，变原来单纯进行知识授受的课堂教育，为一种师生自主发展的精神建构领地。让学生主体性突显必然要求师生角色关系的转变，教师要由独奏者角色过渡到伴奏者的角色不再把主要责任理解为传授知识而是帮助学生去发现、组织和管理知识，要构建一种新型的平等对话关系，营造师生间积极情感关系和良好氛围。

第三，教师还要着力建立一种团结合作的群体环境，形成合作共事的职业氛围，让学生融入群体之中。教学气氛主要还取决于班集体的人格。教师仅有知识是远远不够的，想完成高质量的课堂教学，培养学生的职业素养，形成良好的态度和品质，教师还必须有一颗真挚热爱教育事业和敏锐感受学生心理需要的心，能产生一种人格上的号召力，以普遍的友爱和与人为善的精神，感染学生中间的每一个人。组成一个具有凝聚力、创造活力、充满爱意的班集体，真正让课堂成为师生共进的"阳光"、"空气"和"水"。在教师人格感召的前提下，又要把创造群体个性的任务交给学生，让他们自己用心和行动去创造。

第四，重视对学习活动的肯定性评价。多采用肯定性评价，产生成功体验，树立学习自信心是营造良好教学心理环境的重要保证。因为肯定性评价能为教学心理环境提供安全性。学习活动的评价是教师对学生的学习行为、学习习惯、学业成绩等依据一定的标准作出的评价。对学习活动的评价是师生之间相互沟通的重要桥梁。它可以是口头的表扬、鼓励或批评，也可以是书面的评分、评语。通过评定，一方面，教师可以了解学生的学习情况和自己教学的情况，为进一步的教学提供依据；另一方面，学生可以从教师的评定中了解到教师对自己的看法、态度，找到行为的依据。学生对学习的兴趣、自信心在很大程度上取决于教师的评价。他们可能因为教师的某次肯定性评价而喜欢该教师，进而喜欢该教师所教的课程。

第二部分　通信技术专业教学方法及应用

5　职业教育教学方法概述

教学,可以认为是教师与学生以课堂为主渠道的交往过程,是教师的"教"与学生的"学"的统一的活动。通过这个交往过程和统一活动,学生掌握一定的知识技能,形成一定的能力态度,人格获得一定的发展。

在教学过程中,教师是主导,学生是主体。学生作为教学过程中的主体,有其独立的人格,独特的精神世界,独特的认知、情感、态度和观念,学生自愿地,创造性地参与教学过程并对教学过程有选择的权利。教师作为教学过程的主导,担负着教学过程的组织者、引导者、咨询者、促进者的职责。

教学过程中,学生的主体地位需要得到充分的尊重,而教师的主导作用和主导过程则需要经过精心的规划和设计,既不陷于放任自流又不至于喧宾夺主,避免以自己的体验替代了学生应有的体验过程。

本节介绍的教学方法包括传统、常见的教学方法和现代新教学方法以及基于行动导向的职业教育教学方法,力求让读者有个较为全面的了解和进行适当比较。内容如此繁多,奈何形式上受篇幅所限,各种教学方法无法全面展开,读者可根据自己需要和兴趣查阅相关资料,完成进一步的学习和研究。基于行动导向的职业技术教育教学方法将在后续章节中结合通信技术专业教学内容作详细讨论。

5.1　教学方法

教学方法,是教学过程中教师与学生为实现教学目的和教学任务要求,在教学活动中所采取的行为方式的总称。教学方法包括教师教的方法(教授法)和学生学的方法(学习方法)两大方面,是教授方法与学习方法的统一。教授法必须依据学习法,否则便会因缺乏针对性和可行性而不能有效地达到预期的目的。但由于教师在教学过程中处于主导地位,所以在教法与学法中,教法处于主导地位。

教学方法受到特定的教学内容、具体的教学组织形式的影响和制约,是针对特定的教材内容的方法。所以必须在教学活动中把教学方法与教材内容有机结合,与具体学科内容的思维方法、研究方法、研究手段结合。此外,还必须注意教学方法与教学组织形式之间的相互影响和制约。

职教领域常见的教学组织形式见表 5.1。

在本书后续章节中所分析的各个教学法应用案例,来源于通信技术专业教学实践,实现了与通信技术专业教学内容的有机结合,值得读者仔细研讨、推敲。"教无定法",教学方法的选用和应用都需要教师根据现实情境加以灵活巧妙地运用,万不可机械从事,生搬硬套。总之,需要教师们不断实践、综合和创新,摸索出一套适合所教内容、所教学生以及适合教师本人使用的教学方法。

表 5.1 职教领域常见的教学组织形式

分　　　　类	教 学 组 织 形 式
理论为主的教学	班级课堂授课
实践为主的教学	实训操作 认识实习 生产实习
整合为主的教学	课业设计 毕业实习 毕业设计

5.2　教学方法在教学过程中的地位

(1)教学方法是构成教学活动的重要因素之一,在教学过程中具有不可忽视的地位。

(2)教学方法是连接教师教和学生学的重要纽带。朱熹曾经说过:"事必有法,然后可成,师舍是则无以教,弟子舍是则无以学"。正是通过有效的教学方法而将教师教的活动和学生学的活动有机联系起来,最终促成教学目的的实现。

(3)教学方法是完成教学任务的首要条件,也是提高教学质量和教学效率的重要保证。好的方法可以使人免走很多的弯路,并节省在错误方向上浪费的无法计量的时间和劳动。

(4)教学方法影响学生的身心发展。皮亚杰认为良好的方法可以增进学生的效能,乃至加速他们的心理成长而无所损害,而不好的教学方法则可能使学校变成才智的屠宰场。因此,教学方法对于学生的才智发展有很大关系,教师应该注意改革教学方法,促进学术健康发展。

5.3　常用教学方法简介

5.3.1　讲授法

教师运用口头语言系统地向学生传授理论知识,是最普遍也是最常见的方法。它是讲述法、讲解法、讲读法和讲演法的总称。其特点是它可使学生在短时间内获得大量系统的科学知识,而且通过教师的分析、论证、描述及设疑、解疑等过程,有利于发展学生的智力。

讲授法一般主要用于传授理论知识。但单独使用或者使用不当,则不利于学生作出及时反馈,学生学习的主动性、积极性不易发挥,容易陷入"被动学习"迟滞状态。

5.3.2　演示法

教师配合讲授或谈话,把实物或、教具展示给学生,或者通过示范性的操作来说明和印证所要传授的知识。演示时常用到实物、实际操作、模型、图片、图表、示意图、幻灯、录像等。

5.3.3　实　验　法

教师指导学生运用一定的仪器设备完成作业,以获取理论知识和技能。

5.3.4　练　习　法

在教师的指导下,学生通过复习和反复练习,巩固理论知识、掌握技能和技巧。以实际训练为主的练习法可用于职教活动中的操作模仿、操作整合、操作熟练等阶段。

5.3.5　谈　话　法

教师根据学生已有的知识和经验向学生提问,并引导学生对所提问题得出结论,以获得知识。谈话法的特点是它可以充分激发学生的思维活动,有利于发展学生的表达能力,有利于教师了解学生的掌握程度、检查自己的教学效果,还有利于照顾每个学生的特点。谈话法常被用于复习、巩固等教学环节。

5.3.6　读书指导法

学生在教师指导下,通过自学教科书和参考资料,以获得理论知识,培养自学能力。阅读能力是自学能力中非常重要的一种,独立阅读可以调动学生学习主动性,使学生养成认真读书和独立思考的习惯。

5.3.7　讨　论　法

在教师的指导下,一组学生围绕某一中心问题发表自己的看法,进行相互学习。其特点是通过讨论,学生可以集思广益,互相启发,可以加深理解,提高认识,同时还能激发学习热情,培养对问题的钻研精神,训练语言表达能力。

5.3.8　参　观　法

教师组织学生到现场进行实地观察、研究,从而获得新知识,或巩固、验证已学知识的一种方法。它能把教学和实际紧密地联系起来。

演示法和参观法常用于心智技能中映像的形成和操作技能中活动定向的设定等。

5.3.9　现场教学法

是以现场为中心,以现场实物为对象,以学生活动为主体的教学方法。现场教学一般在校内外实训基地完成。

5.3.10　实　习　法

要求教师在校内外组织学生进行实际操作,把理论知识运用于实践。这种方法在职业技术教育的实施中,具有十分重要的作用,因而在教学安排中,要占较大比重。

5.4　教学方法的分类

在教学实践中运用的各种教学方法可以说是多不胜数,据不完全统计,现今在教学中卓有成效的教学方法有 700 余种。针对如此繁多的教学方法,中外学者从不同的角度对教学方法有着不同分类的方式。下面,我们主要从对象,作用和方式等方面对常用的教学方法进行分类,以帮助教师正确认识和选择使用教学方法。

5.4.1 依据学习对象分类

根据学习对象,可以把教学方法分为:认知领域学习的教学方法、技能领域学习的教学方法、态度领域学习的教学方法和能力整合学习的教学方法。表 5.2 为各种学习对象给出了部分较为合适的教学方法。

表 5.2　依据学习对象对职业教育教学方法分类

教学对象		认知领域	心智技能	操作技能	情感领域	能力整合
教学方法	低层次水平	讲授法 演示法	演示法	演示法 见习实习	讲授法 讨论法 谈话法	讲授法 演示法 讨论法
	高层次水平	研讨法 案例法 项目法 角色扮演法 支架式教学法 抛锚式教学法 随机进入教学法	模仿练习 研讨 案例研究 实训 抛锚式教学法 随机进入教学法	模仿练习 研讨 案例研究 实训	研讨 角色扮演 抛锚式教学法 随机进入教学法	案例研究 项目法 角色扮演 抛锚式教学法 随机进入教学法

所谓教学方法的低层次水平和高层次水平,简单而言是从该方法掌握的难易程度、教学双方的投入和实际取得的教学效果等方面进行评价。低水平的方法相对容易掌握,教师的准备工作较少,而学习者的主动性和参与层次较低,相应取得的效能也就比较低。

从上表中可以看出,对不同的教学对象,所适用的教学方法存在不同,并不存在普适的教学方法。每种教学方法也有其更适用的对象,如讲授法不适用在操作技能学习对象身上,演示并模仿更为合适。当同一教学方法使用于不同的教学对象时,也应根据对象的特质与诉求的不同做出相应的调整。

5.4.2 依据教学作用分类

根据教学方法的作用,可将教学方法划分为三类:组织和自我组织学习认识活动的方法、激发学习和形成学习动机的方法和检查和自我检查教学效果的方法。

在这三类的基础上还可以进一步划分出不同的体系和与之适应的教学方法,见表 5.3。

表 5.3　巴班斯基教学方法分类表

教学作用		教学方法
组织和实施学习认识活动	感知的方法 （传递和接收教学信息的来源）	口述,叙述,谈话,讲演,直观法,图示,演示,操作法,实验,练习,劳动
	逻辑的方法 （传递和接收教学信息逻辑）	归纳法,演绎法,分析法,综合法
	求知的方法 （掌握知识思维独立性）	再现法,探索法,局部探索法,研究法
	科学学习的方法 （控制学习活动的过程）	教师指导下学习活动方法,指示独立作业,读书作业,书面作业,实验室作业,劳动作业

教　学　作　用		教　学　方　法
激发和形成动机	激发学习兴趣的方法	游戏教学讨论,创设道德体现情境,创设统觉情境,创设认识新奇情境
	激发学习义务和责任感的方法	说明学习意义,提出要求,完成要求,练习,学习的奖励,对学习缺陷的责备
检查和自我检查	口头检查的方法	个别提问,面向全班提问,口头考查,口试,程序性提问
	书面教学的方法	书面测验,作业,书面考查,书面考试,程序性的书面作业
	实验室与实际操作的检查方法	实验室测验作业,机器测验

按教学作用对教学方法进行分类,使教师对各种教学方法可能的作用有了更明确的认识,便于选择。从完成整个教学活动的过程的角度,应该是各种方法的综合运用。

5.4.3　依据教学方式分类

教学方式是构成教学方法的细节,是运用各种教学方法的技术。任何一种教学方法都由一系列的教学方式组成,或者说教学方法可以分解为多种教学方式;另一方面,教学方法是一连串有目的的活动,能独立完成某项教学任务,而教学方式只被运用于教学方法中,并为促成教学方法所要完成的教学任务服务,其本身不能完成一项教学任务。

按照教学方式对教学法进行分类是以教学方法中具代表性的占主要成分的教学方式对教学方法进行分类,见表5.4。这也是教师们普遍采用的分类方式。

表 5.4　按教学方式对教学方法分类

教学方式	语言传递为主	直接感知为主	实际训练为主
教学方法	讲授法 谈话法 读书指导法 讨论法	演示法 参观法	实习法 实验法 练习法 任务驱动法

5.4.4　其他分类方法

从学习行为的刺激——反应连接理论角度,将教学方法分为呈现方法、实践方法、发现方法和强化方法,见表5.5。

表 5.5　按新行为主义理论对教学方法分类

分类	学习过程的假设	教师作用	提供学习刺激类型	学生作用	教学方法
呈现	基本上无意识的学习,不需要学生特别努力,大脑是容器,知识来自外部	选择并用适当顺序呈现学习刺激	A种刺激(前反应)	消极	讲授、图片、校外考察、示范等
实践	学生逐步达到预期目的,逐步完成学习任务,需要实践	确定学习题目和组织实践活动	B种刺激(前反应)	积极	朗诵、训练、笔记本作业、模仿等
发现	学生经努力探讨突然发现预期学习结果,知识来自内部	组织和参与学生的发现活动	C种刺激(前反应)	积极	苏格拉底法、讨论、实验等
强化	学生表现出对学习结果的特定行为后,给以鼓励或强化	提供系统的强化	D种刺激(后反应)	积极	行为矫正、程序教学等

从教师与学生交流的媒介和手段的角度,将教学方法分为教师中心的方法、相互作用的方法,个体化的方法和实践的方法,见表5.6。

表 5.6　按交流媒介和手段对教学方法分类

交流方式	教师为中心	相互作用	个体化	实践的方法
教学方法	讲授 提问 论证	全班讨论 小组讨论 同伴教学 小组设计	程序教学 单元教学 独立设计 计算机教学	现场和临床教学 实验室学习 角色扮演 模拟和游戏 练习

按照从具体到抽象的三个层次角度分类,见表5.7:第一层次,原理性教学方法,起指导作用;第二层次,技术性教学方法,起中介作用;第三层次,操作性教学方法,具体应用。

表 5.7　按具体到抽象的三个层次对教学方法分类

层次分类	原理性	技术性	操　作　性
特点	教学意识在教学实践中方法化的结果,不具有固定的程序和步骤,为具体教学方法提供理论指导,具有原理性	具有技术的特点,向上接受原理性教学方法的指导,向下与学校不同科目的教学内容相结合构成操作性教学方法,发挥着中介作用	学校不同科目各自具有的特殊而具体的教学方法,每一种方法只适用于特定的科目教学中,具有与各科目的教学内容相结合、基本固定的程序和方式,教师一旦掌握便可立即操作应用,其基本特点是可操作性
教学方法	启发式 发现式 设计式 注入式	讲授法 谈话法 演示法 参观法 实验法 练习法 讨论法 读书指导法 实习作业法	语文课的分散识字法 美术课的写生教学法 音乐课中的试唱教学法 标枪课中的小步子教学法 外语课中的听说教学法 劳动技术课的工序教学法

特别说明

综上可见,不仅教学方法众多,其分类方式也是众说纷纭。每一种分类方式都体现了教育研究者从不同角度对教学活动的某种思考和所抱持的理念。对教学方法进行分类不是目的而是手段,科学的分类是为了更有条理、更深刻地认识当前存在的教学方法,科学的分类是教学方法准确运用、综合运用,乃至孵化创新的基础。

5.5　当代五大新教学方法

由于心理学发展的可能,教育教学改革的需要和教育工作者的努力,教学方法在当代取得了前所未有的发展,国内外创建了许许多多新的教学方法。在这些新方法中,有五种在教育理论和教育实践中取得了比较好的效果和比较大的影响,现简介如下:

5.5.1　范例教学法

范例教学法是运用精选的知识经验以及事实范例作为教学内容,使学生掌握一般的、有普遍意义的知识,形成独立和主动学习的能力和养成独立批判、判断能力的教学方法。它是由德国教育家瓦根舍因等创立的。范例教学方法目的在于通过学习精选过的隐含着本质因素、根本因素、基本因素的典型事例,使学生掌握一般的知识、观念,而不是要学生复述式的掌握知识。这是一种"教养性的学习",它能使所学的知识迁移到别的地方,从而进一步发展所学的知识,改变学习者的思想、思维方法和加强解决新问题的能力。

范例教学法由四个阶段构成:

(1)范例的阐述"个"的阶段。通过整体的一个或几个特性来说明整体,也就是通过个别的典型特征来说明整体。

(2)范例的阐述"类"或"属"的阶段。即对上一阶段获得的知识进行归类。通过这一阶段的教学,学生可以了解某些事物的特殊性和普遍性,从"个"的学习迁移到"类"的学习。

(3)范例的掌握规律和范畴的阶段。在前两个阶段的学习基础上,进一步探究出规律性的认识来。

(4)范例性的获得关于世界经验和生活经验的阶段。通过上述三个阶段的教学,进一步把所获得的知识进行加工和应用,从而获得关于世界的经验和生活的经验。通过这一阶段,学生不仅了解了客观世界,也认识了自己,加强了行为的自觉性。

5.5.2　掌握学习教学法

掌握学习教学法是通过操作教学时间实施"因学施教"、以每个学生掌握教学内容为标志的、使每个学生都得到尽可能发展的教学方法。其代表人物是美国的卡罗尔和布卢姆等。

卡罗尔和布卢姆提出,学习结果的主要变量是学习时间。学习时间分为实际学习时间和必要学习时间。学习程度 $=f$(实际学习时间/必要学习时间)。实际学习时间是完成指定的学习任务所安排的教学时间,是由教师决定的。必要学习时间是学生完成指定的学习任务所必要的学习时间,对学生来说是因人而异的。从教师角度,要尽可能多的给予学生以足够的实际学习时间;从学生学习角度看,教师要尽可能帮助学生缩短必要的学生时间。学习所花时间是掌握的关键,掌握学习教学法就是要找到为每个学生提供他所需要的学习时间的教学方法。

该方法分为教学准备和教学实施两个阶段进行。

在准备阶段教师首先确定教学内容;制定具体的教学目标;对学生进行诊断性评价;编制各单元简短的"形成性测试"试题;依据"形成性测验"试题,预先确定并准备好可供选择的学习材料(如辅导材料、练习手册、学术游戏等)和矫正手段(如小组学习、个别辅导、重新讲授等),供学生遇到学习困难时选择;编制"终结性测验"试题,覆盖所有单元目标,目的是评价学生是否完成了该学科的学习任务。

教学实施阶段,包括:学习→形成性测验→(再学习→形成性测验)…→终结性测试→每个学生都将达到教学目标。

5.5.3　学导式教学法

学导式教学法是以发展学生智能为目的的、引导学生自学的教学方法。它把教学的重心从教转移到学上,是对"教师讲授,学生接受"的传统教学方法的根本改革。它是在20世纪80年代由黑龙江矿业大学胥长辰教授首先提出,然后经哈尔滨师范大学刘学浩先生从理论上加以概括、深化和提高,并经过广泛实验验证形成的。

学导式教学法的构成环节包括:

学生自学——包括课前预习和课堂上的自学阅读。

学生解释——学生讨论、查阅参考资料或工具书,教师个别辅导。

教师精讲——教师针对学生无力弄懂的重大难点、关键进行精讲。

学生演练——学生彻底弄清不懂的问题，把学习要点和心得记入笔记，并精选习题演练、作业，同学之间相互批改作业，把所学的知识系统化、概括化。

5.5.4　发现式教学法

发现式教学法又称探索法、研法，是指学生在学习概念和原理时，教师只是给他们一些事例和问题，让学生自己通过阅读、观察、实验、思考、讨论、听讲等途径去独立探究，自行发现并掌握相应的原理和结论的一种方法。它的指导思想是在教师的指导下，以学生为主体，让学生自觉地、主动地探索，掌握认识和解决问题的方法与步骤，研究客观事物的属性，发现事物发展的起因和事物内部的联系，从中找出规律，形成自己的概念。它是由美国著名的心理学家布鲁纳提出的。

发现式教学法的构成环节包括：

（1）教师创设问题情境。教师深入分析教学内容，向学生提出要解决或研究的课题。

（2）学生提出假设或答案。学生在阅读和学习有关教材、参考书的基础上对教师提出的问题做出各种可能的假设和答案。

（3）检验假设。在教师指导下，学生根据不同的课题性质，通过思辨、实验、演示等，以讨论的形式对假设进行检验。正确的就可以作为结论和结果，错误的再修正假设。

（4）做出结论。在充分讨论和验证假设的基础上，对假设进行补充、修改和总结，对教师提出的问题做出结论。该方法在数理学科，特别是对其中的概念、理论、现象间的因果关系和其他联系的教学中适用。

5.5.5　六课型教学法

六课型教学法又叫异步教学法，是一种以充分发挥学生的主体性、取得最优教学活动效率为目的的、形成课外"八环节"与课内"六课型"紧密结合的特殊教学结构的教学方法。它也是把教学的重心从教转移到学上，是对"教师讲授，学生听授"的传统教学方法的根本改革。它是由湖北大学黎世法教授创立的。

六课型教学法形成了由教学过程的"八环节"、运用上课的"六课型"和充分调动课内的"六因素"构成的立体教学过程结构，简称"八六六"体系。

组织学生严格完成学习过程的"八环节"：制定计划→课前自学→启发思维→及时复习→独立作业→解决疑难→系统小结→运用创造。

因时制宜在上课中采用"六课型"：自学课→启发课→复习课→作业课→改错课→小结课。这是按照学生认知过程的不同阶段来划分的，每一种课型是由一定的教学任务和完成这种教学任务的具体的教学方法两部分组成的。

充分激活应用"六因素"：自学→启发→复习→作业→改错→小结。

特别说明

相比于传统教学方法，现代新教学方法都是综合运用多种教学方法，强调教学过程各环节的相互配合、相互支撑，从而形成一个比较完备的体系，并彰显出该教学方法的鲜明特点。各种新教学方法更强调学生的主体作用，并在这个基础上要求教师必须以适当形式，发挥足够的主导作用。

5.6 行动导向教学

5.6.1 行动导向教学简介

行动导向教学法是一种基于实际工作的教学方法。该方法由英国的瑞恩斯（Reginald Revans）教授在20世纪60年代首先提出，随后在世界各国得到广泛的推广和应用。行动导向教学法有利于提高学习效率，同时也是一种有效的处理复杂问题的方法。行动导向教学法被认为是过去40年里管理和组织发展中产生的最重要的方法之一。

行动导向教学法提倡提问和反思，以促进学生更深入的分析问题，检验先前提出的假设，提出多种解决问题的方案。教学中抛出源于实际工作中的问题，通过小组讨论和再学习得到深入的思考，学习者分享彼此的经验，最终提出解决方案。这种经验共享的方式，不仅能够得到创新的方案，而且可以帮助个人和集体更好地适应快速变化的世界。这种方法一旦融入到教学活动中后，对学习者个人及其职业生涯的发展都有诸多裨益，并且可以推动生产力的发展，促进经济的腾飞。

根据著名认知心理学专家汉斯·艾伯利（Aebli）提出的行动教学理论，"行动"可以理解为会产生具体结果的有目的的执行过程。他将行动分成行动过程和行动方案两类。"行动方案由诸多元素构成，但作为整体储存在记忆中，它可以被重新激活并应用到新的行动过程中"。即，行动方案由很多行动知识及相应的行动记忆构成，它们有以下特征：行动方案被作为一个整体单元储存在记忆中；它们是可再生的；它们可以被转化到新的情境中。可以认为，行动方案是行动学习的结果，它将通过学习存储在学习者的记忆中，并指导学习者下一次的行动过程。

虽然行动的学习可以脱离具体对象，依靠纯理论地或凭借想象的行动来完成，但是由于缺乏具体对象的检验，不会向学习者显示出行动的错误，就失去了学习的意义，因此学习过程中的各种试验想法必须通过实践行动来检验，这也就是说行动导向的教学是以实践为主的教学。

5.6.2 行动导向教学的结构

行动导向教学的大致结构包括：提出问题，计划行动，实施行动，内化行动。

1. 提出问题

问题是行动的起点。它推动着思考过程并指引方向。问题的认识和解决取决于每个人的能力和经验。提高学习者对某个问题的兴趣是最重要的，因为这将导引学习者在问题的解决过程中提高积极性。

2. 计划行动

思考过程启动，并朝着问题的发展方向延伸以后，一个行动将随之出现。在行动计划阶段，包括以下几个步骤次序：

（1）明晰和辨析对象，主要关注目标、原因、想法与对象之间的关系。

（2）起点的评估，对已有方式和方法的评估。

（3）个别情况步骤的决定，如"当我们对行动目标进行计划的时候，什么样的行动步骤应出现？"、"必须满足什么条件？"或从相反方向"在现有情况下我们如何实现目标？""哪些是最初的步骤？哪些是之后的步骤？"等。

（4）计划的评估，评估实现行动目标的可能性。

3. 实施行动

行动实施的步骤：

（1）提出建议，建议者更准确地陈述建议并给出原因。

（2）由班级评估，并确定行动计划。

（3）由学生或学员或教师实施行动计划。尽管有时一个简单的任务仅需要一个学习者的行动，但所有的学习者都将参与到行动的过程中。教师则扮演监督者的角色或根据学习者的要求扮演参与者的角色。虽然教师知道行动过程中的每一个重要步骤，但是他也应该给予学习者一定的自由度来使他们能够自我"尝试"，教师可以通过开放式的问题来帮助学习者去发挥。

（4）对结果进行评估，这样的评估应该是多方面的、联合的评估。受学习者各自不同的经验模型和认知水平不同的影响，每个人的体验和评价都不相同，需要依靠联合的评估来修正和提升个人的认知。

认同个体体验，鼓励个体通过实践获得体验，并通过集体（社会）评价修正个体认知，是行动导向教学的重要思想。与之相对的是，说教式教学不鼓励个体通过实践获得体验，不认同个体存在不同体验，只试图通过课本或教师的体验来统一和替代学习者的体验，这就是说教式教学不能"产生""真正"的学习的根本原因吧。

4. 内化行动

行动的内化由三个独立的步骤构成：

（1）内化的第一步是对已选解决方案路径的回顾。在完成工作后学习者查看结果，思考并总结所有已经实施的行动。

（2）对最重要的步骤作书面记录是内化的第二步。通过学生或学员对行动过程的口头陈述、展示，收集并记录步骤中的要点。这一步并没有产生一个实质的成果，而相关记录提供了对行动过程的综述的支持。

（3）第三步在没有任何例证支持的情况下对行动路线做口头描述。在这一步中，学习者不再依赖某个具体的实例，而是抽象地概括和描述出行动的基本路线，行动的内化已基本完成。

内化行动也是学习者"主动化学习"的过程，在"主动化学习"过程中，学习者并不只是理解他们自己的行动，而且也要理解其他人的行动。通过参与行动的人对行动步骤的综述，学习者能够领会那些他们并未参与的行动并实施。

特别说明

应用于职业技术教育领域的行动导向教学方法应以职业行动为对象，教学过程应尽可能与职业的工作过程保持一致。学习过程依照职业的工作过程展开，以便获得完整的职业行动能力。结合行动导向教学的结构和职业工作过程行动模式，这样就形成了基于工作过程的行动导向教学过程的一般结构：

信息收集＋计划＋决策＋实施＋评价＋反思

确切地说，行动导向教学不只是一种具体的方法，更是一种教学设计的理念，在其教学过程的一般结构之上，针对每个环节设计不同目标、内容、媒体、情境、对象和具体操作方式，就构成了不同的教学方法，如引导文教学法、案例教学法、角色扮演教学法、模拟教学法、考察教学法、实验教学法和项目教学法等。这些教学法有着相似的结构，更关键的是，它们又各具特色。

5.7　职业教育教学方法

职业教育教学理论属于教学理论的范畴,因此它有着各类教学理论所共有的性质,同时也必然有其自身的特殊性质。职业教育是以全面素质教育为基础、能力为本位的教育,伴随着职业教育教学方法论研究的日益深入,职业教育教学实践的重心也出现了两大变化:一是教学目标重心的迁移,即从理论知识的存储转向职业能力的培养,导致教学方法逐渐从"教"法向"学"法转移,实现基于"学"的"教";二是教学活动重心的迁移,即从师生间的单向行为转向师生、生生间的双向行动,导致教学方法逐渐从"传授"法向"互动"法转移,实现基于"互动"的"传授"。

一般来说,教学方法包括教师的"教"法和学生的"学"法。

5.7.1　教的方法

所谓"教"法,是基于教师"传授"视野的学习组织结构,其目标是建立一种学习安排,使得学生的从动接受式学习更有规律并更加容易。"教"法的上位概念是教学处置,其下位概念包括授课形式、社会形式和教学形式。

1. 宏观的策略

作为上位概念的教学处置,指的是职业教育教学过程中对典型运行阶段实施的实践性的教和学的策略。这些策略是对单一教学方法在时空上的综合运用,具有特定的学习效果和教学范畴。

行动导向的教学处置(特别是对技术类职业)主要有三种:

(1)尝试导向的教学处置

主要指关于技术问题的处置策略,包括三个阶段:①"尝试"的准备,即针对教学内容提出问题及其相关假设;②"尝试"的实施,即在独立制定和设计的实验秩序中对假设予以验证;③"尝试"的检查,即对定量和定性的结果予以阐述和探讨。

(2)问题导向的教学处置

主要是关于技术思维的处置策略,包括四个阶段:①提出问题,即通过思考直面问题情境并确定问题;②解释问题,即辨识问题并对解决问题的原则予以阐述;③解决问题,即独立解决问题并对解决问题的方案予以评价;④应用转换,即应用解决问题的方案并在类似情境中予以转换。

(3)项目导向的教学处置

主要是关于技术设计的处置策略,包括五个方面:从技术、生态、经济、政治-社会和精神-规范等五个不同视角,采取项目教学方式让学生能在社会技术学的层面,主动参与技术的设计,从而整体地把握技术发展的趋势与结果。

2. 微观的策略

(1)授课形式

授课形式指的是授课过程中对学生实施逻辑的思维引导方式,主要有两种:一是认识论的处置,它由一个从属于外部认知过程的规则系统构成,主要指向算法逻辑思维的操作,如分析-综合处置、归纳-演绎处置和历史化处置;二是心理学的处置,它由一个从属于内部认知过程的规则系统构成,主要指向心理决策要素的转换,如抽象性处置、生成性处置和研究性处置。

(2)社会形式

社会形式指学习过程中师生或生生合作的物理组织方式，主要有四种：一是正面教学，即传统的教师讲、学生听，教师通过介绍、解释或加工知识元素，让学生接受知识；二是单人工作，即学生个人独立制定、实施和检查工作计划；三是派对工作，即两个学生合作制定、实施和检查工作计划；四是小组工作，即由 3～6 个学生组成小组，小组成员共同制定、实施和检查工作计划，各组可完成相同任务（可比性），也可完成不同任务（差异性）。

（3）教学形式

教学形式指的是教学过程中师生或生生互动的主体定位方式，主要有三种：一是基于报告、示范或指示等描述性教学（教师中心）；二是基于引出问题、激发动机或委托任务等行动性教学（教师主导—学生主体）；三是基于派对式的生生合作、探究式的学生中心或对话式的经验交流等发现性教学（学生中心）。教学形式的确定在教师备课中发挥着非常重要的作用。

在"教"的过程中，上述这些形式之间的转换并没有严格的界限，应根据专业能力、方法能力和社会能力培养的需要，采用与之相应的效率高的方式。

5.7.2　学的方法

所谓"学"法，是基于学生"习得"视野的学习组织结构，其目标是建立一种学习秩序，使得学生的主动生成性学习更有规律并更有效果。"学"法既要高质量地掌握学习内容，又要高效率地掌握学习方法，它涉及三种重要的学习技术：自学技术、交流技术和创新技术。

（1）自学技术

自学技术指能主动性地占有使用信息，包括：自主性地获取信息的技术，例如阅读、倾听以及熟悉目录、关键词、文稿、书籍、索引、图书、多媒体和网络等；生成性地加工信息的技术，例如记录、摘抄、标示、绘制（墙报、表格、简图、广告等）、音像制作、方案制订等；指向性地阐释信息的技术，例如撰写报告、阐述理由、演讲总结、评论展示、公众辩论、评审发言以及进行电话联系、发送电子邮件等。

（2）交流技术

交流技术指的是能建构性地多边互动学习，包括：沟通的技术，例如即时反思（Blitzlicht）、核心讨论（如 Kugellager）、正反方辩论、全员会议（如 Fish-bowling）、分组讨论（如 Binenkorb）、小组专家游戏等；合作的技术，例如小组活动、角色扮演、计划演练、项目方法、多重辩论、情景剧等。

（3）创新技术

创新技术指的是能构思性地寻求解决方案，包括：设计导向的创新技术，例如：图像处理、抽象拼贴（Collagen）、创意绘画、哑剧编导（Pantomime）、创意写作等；催化导向的创新技术，例如：创意旅行、隐性策划（Metapher-Mediration）、暗示启迪（Suggestopaedie）等；方案导向的创新技术，例如德尔斐法（Delphi-Methode）、趋势分析法、功能分析法（将总任务按功能层次分解获得子任务）、抽象法（从现象中概括本质）、黑箱法（抽象法变种：忽略内部结构只关注输入和输出）、结构树法（功能分析法的树形图分解）、画廊法（第一阶段为联想阶段：草拟解决方案并以画廊形式展示；第二阶段为形成阶段：相互介绍各种解决方案并予以归纳；第三阶段为评价阶段：采取全员会议评价不同方案并予以优化）、刺激法（通过看似无关的话语借助直觉反应获得解决问题的方案--陌生效应）、635 法（头脑风暴法变种：针对一个问题由 6 名小组成员提出 3 个方案，时间限制为 5 min）、解构法（Monpologie，借助矩阵将总问题分解为子问题）、逆向思维法（批判性的设疑或否定）等。

5.8　教学方法的选择

教学方法的使用是科学性和艺术性的统一,在教学方法中既有科学成分,又有艺术成分。教学方法的科学性是指教学活动有规律性和原则性可循,因此,教学方法的使用要有科学的依据。而教学方法的艺术性是指教学活动中方法使用的灵活性和创造性,在众多的教学方法之中合理选择一定的教学方法来组织教学。因此,使用教学方法,在注重其科学性的同时也要注意灵活性、创造性。从以上两个角度来说,教师都要在具体的教学过程中对教学方法进行选择,而在实际教学中,教师能否正确的选择教学方法,也是影响教学质量的关键问题之一。

教学方法的选择主要受四个方面因素的制约。

1. 教学目标的要求

现代教学论认为,根据不同的教学目标选用不同的教学方法是走向教学最优化的重要一步。因此,围绕目标的实现来选择教学方法是一条重要的原则。

根据教学目标来选择教学方法要考虑以下几个方面:

(1)特定的目标往往要求特定的方法去实现

对认知领域的目标而言,通常只要求达到识记、了解层次的,可选用讲授法、介绍法和阅读法等;要求达到理解、领会层次的,可选用讲授法、探究法和启发式谈话法等;要求达到应用层次的,则应选用练习法、迁移法和讲评法等;而对于高层次的目标如分析、综合、评价,则应选用比较法、系统整理法、解决问题法、讨论法等。

(2)各种教学方法有机结合发挥最佳功效

由于教学目标的多层次化、教学环节的多样性,必然要求教学方法的多样化。特定的方法只能有效地实现某一或某方面的目标,完成某一或某几个环节的任务,要保证教学目标的全面实现,教学中往往要求选用几种方法,并把它们有机结合起来。

(3)扬长避短地选用各种方法

每一种教学方法都有其优势和不足。比如讲授法,它可使学生在较短的时间内获得大量的知识,便于教师主导作用的发挥,而且在其他教学方法的运用中,它又是不可缺少的辅助方法,但这种方法容易造成满堂灌的教学,不利于发挥学生的主动性、独立性和创造性。又如探索法,其优势在于容易激发学生学习的兴趣和动机,培养学生独立分析问题、解决实际问题的能力,发展学生创造性思维品质和积极进取的精神,然而它的不足是耗费的时间长,需要的材料多,师生比例小。因此,教师必须认真分析各种教学方法,扬长避短。

2. 教学内容的特点

目前学校教育的内容主要包括健康、科学、社会、语言和艺术等领域。由于这些领域的课程内容各有其特殊的性质和类型,因此,它们所需的教的方法与学的方法必然有所不同。适合科学内容的教学方法不一定适合艺术内容,也就是说课程内容的特点决定教学方法的选择。例如,科学领域一般可采用发现法、问题解决法、实验法等;社会领域的内容比较适合采用游戏法、参观法、谈话法等;而艺术领域则更适合采用欣赏法和练习法。此外,选择教学方法除了考虑不同领域知识差异外,还必须考虑同一领域内知识的具体差异。

3. 教师自身特点

任何一种教学方法,只有适应教师自身的条件,能被教师理解和驾驭,才能更好地发挥作用,取得好的教学效果,反之则不然。因此,教师在选择具体的教学方法时,应将自己的特长和优势纳入考虑范围,选择适合自身条件的教学方法。如有的教师语言表达能力较好,能用生动、简洁、有趣的语言吸引学生,则可适当多采用语言为主的方法;有的教师善于制作、运用直观教具,则可以充分发挥自己的想象力,多做一些教具,并结合采用观察、演示、示范等方法;擅长多媒体的教师可以通过使用教学软件,将现代化教学手段引入教学。

4. 学生的年龄特征和知识基础

教学活动的效果最终在学生身上得到体现,因此,在选择教学方法时,教师必须考虑学生的自身情况,只有符合学生的年龄特征、兴趣、需要和学习基础的教学方法才能真正达到教学的高效率。如不同年龄阶段的学生其思维发展的水平不同,教学方法的选用如果超出了学生思维发展的水平,就极可能达不到应有的教学效果。发现法和讨论法对于小学低年级学生或思维水平低下的学生,往往不能达到预期的教学目标,而角色扮演法对于低年级学生来说往往更有利于激发他们学习的动机和兴趣。若学生认知结构中包含有与新知识相关联的若干观念或概念,教师就可以采用启发式的谈话法;反之,教师就不宜用谈话法。

综上所述,教学方法的选用必须以教学目标为轴心,综合考虑各种因素的制约,只有这样,才能发挥教学的整体效应。

5.9　教学方法的运用

在职业教育教学中,教学方法不仅有层次之分,而且各种常用的教学方法都有其自身的适应场合。作为教师,首先应了解各教法所适应的情境,避免在教学资源及教学时间方面造成不必要的浪费,并注意综合、灵活运用。

5.9.1　综 合 性

在职教教学中,教学目标、教学内容、教师的素养、学生的身心发展等都是多方面的,且每种教学方法又都是有局限性的,因此,任何一种教学活动都应综合使用各种教学方法,把各种教学方法有机结合、合理运用。例如,讲授、讨论、问答等教学法,对学生知识的掌握、抽象思维的发展非常有利,但不利于技能、技巧的形成;参观、演示等直观教学法形象、生动,但过分使用这种教学方法,又不利于学生抽象思维、逻辑判断能力的形成;实验、练习、实习等操作性教学方法,有助于理论知识的巩固和技能、技巧的培养,但单方面使用这些教学法,又不利于系统和深刻地掌握理论知识。每种教学方法各有利弊,在实际教学中只有将各种教学方法综合运用,克服其缺点,又能获得最佳的教学效果。

5.9.2　灵 活 性

"教学有法,但无定法,贵在得法"。职教教学过程是一个动态的过程,虽然教师在备课时根据教学目的、任务、内容和学生的实际情况设计了某种具体的教学程序或教学方法,但是,在实际的教学活动中,存在着各种可能性的变化。这要求教师在教学方法的选择使用中要灵活机智,随时把握好不同方法的应用。根据教学中出现的特殊教学情境,巧妙地因势利导,机智灵活地采用一些新颖教学方法,会使教学收到意想不到的效果。

5.10 通信技术专业教学方法比较

随着国家经济的高速发展和经济建设的需要,全世界的职业技术教育在近几十年取得了长足的发展,尤其是德国、美国、加拿大、日本、英国的职业技术教育走在世界的前列,在职业教育理念、理论研究方面取得了丰硕的成果,发展了几十种基于工作过程、任务驱动、以能力为本位的职业教育方法。在这些教学方法中,较流行的有项目教学法、任务驱动教学法、引导文法、技术试验教学法、案例教学法、考察法、角色扮演法、头脑风暴法、卡片展示法、思维导图法、模拟教学法、四步教学法等。

正如前面在引入教学法基本概念时就指出的,教学方法需要与教学目标和教学内容紧密结合。落实到"通信技术专业中等职业技术教育"这个范畴时,显然不是所有方法都适用、也不是所有方法都有效,关键是教师要精熟各种教学方法的精妙处、能根据具体情况和教学内容,科学、合理、准确的运用专业教学方法,高效、成功的完成教学——即让求学者成功的获得专业知识、专业技能和职业能力。

国内关于某个具体专业的专业教学法的论著目前尚不多见,专门研讨中等职业技术教育层次通信技术专业的教学法,这还是第一次。完成这部教材是基于教育部 财政部开展的"中等职业学校教师素质提高计划重点专业师资培养培训方案、课程和教材开发项目"的基本任务,也是中职教师培训的急需。在教材的完成过程中得到了姜大源、邓泽民、夏金星、徐肇杰等专家指导和帮助,借鉴了他们的大量研究成果,同时我们也邀请了大量的中职优秀骨干教师参与。但是,也正因为是第一次,教材内容无论是在职业教育的理论还是教学实践方面,都还需要进一步深化和升华。

结合当前行业中通信技术专业职业岗位群的设置,中等职业技术学校通信技术专业教学内容内涵大致分为通信终端维修、宽带接入服务、通信工程建设和通信机房维护等主要方面。工作性质主要是维修、安装、巡检、故障修复等,相应的较为适合的行动导向现代职业教育专业教学方法有引导文教学法、任务驱动教学法、模拟教学法、案例教学法、考察教学法和项目教学法等。角色扮演教学法无论从学理和应用角度,都更适合在服务类型行业使用,通信技术专业可以使用,但不会是主流的方法,在本教材中不做特别分析了,以类似原因被本书编者舍弃的还有其他几种教学方法。

本教材主要选择了行动导向教学理念之下的几种相对宏观、结构完整、操作难度较高、专业性较强的职业教育教学方法,进行了较为详细的分析,并尝试与通信技术专业教学内容相结合,得到一些案例,供教师参考。后续各章基本上是试图按照该教学方法在通信技术专业应用的比例、可行性以及教师应知应会的重要性,进行排列。项目教学法在本专业的应用,存在一定争议,而且相对其他教学法,其综合性更强,对学生的要求和锻炼也更强,甚至有看法认为其他教学法是在项目教学法基础上的针对其中某个环节的补充和发展,所以我们将这样一个"综合大法"放在了最后进行介绍和分析。

1. 引导文教学法

引导文教学法是借助一种专门的教学文件(即引导文)引导学生独立学习和工作的教学方法,是一种面向实践操作,全面整体的教学方法。通过此方法,学生可对一个复杂的工作流程进行策划和操作,将分离的知识贯穿起来、融会贯通,从完成具体的真实的任务出发,引导学生在完成任务的过程中学习相应的知识和技能。

引导文教学法中,教师利用引导文和引导问题可以对学生施加较多的影响,主导作用明显,一般认为它比较适合在低年级,学生尚不适应行动导向教学情境时使用,此时,由教师更多地主导教学过程。

如早期的通信终端维修项目教学时,采用引导文教学法,帮助学生建立收集资料,编写维修计划的习惯和学会相应的方法。在机房维护项目教学的早期阶段,也可用引导文教学法帮助学生制定巡检计划,并实施。

2. 任务驱动教学法

任务驱动是建构主义教学理论基础上的教学方法,将以往以传授知识为主的传统教学理念,转变为以解决问题、完成任务为主的教学方法。在任务驱动教学法中,教师以"任务"方式引领,学生边学边做并完成相应的任务,通过完成任务来掌握相应知识和技能。

任务驱动教学法比较灵活,任务可"大"可"小",关键在于以任务作为"诱因"来激发、强化和维持学习者的成就动机,通过"任务内驱"走向"动机驱动"。

在通信技术专业教学中,某个终端故障的维修,一项通信工程中的线路接续工作,一次通信机房的常规维护,都可以作为任务驱动教学的"任务"选材。

3. 模拟教学法

模拟教学法主要通过在模拟的情境和环境中学习和掌握专业技能。其主要运用于三种情形:一是在模拟工厂进行,适用于技术类专业;二是在模拟办公室、模拟公司等模拟情境或环境中进行,多适用于经济类、服务类专业;三是计算机仿真模拟,适用于建有计算机仿真系统的专业。

中职学校的通信技术专业的实验室和实训室可以被看做是"模拟的工厂"、"模拟的现场"。相比于传统的实验教学、技能训练,模拟教学法更强调学生直接面对一个贴近实际的情况、动态变化的问题,他能够积极主动,自己组织安排以下行为:掌握并训练技能,尝试应用知识,做出决策,解决问题并且在时间压力下进行工作;搜集经验以及有目标的进行实验。

通信技术专业中设备故障检修、系统优化等教学内容可以考虑这种方式,由教师设置好模拟的环境和参数,学生自作解决方案并实施,在实施过程中观察模拟对象相关参数的随模拟流程的变化,理解模拟环境中各参数的逻辑关系。

比较偏重理论、概念的掌握和推理性质的教学内容,可较多地使用模拟教学法,如话务接通率与用户数量、中继资源数量之间的关系,交换原理中的时分交换原理,TST、STS 交换模型等。

此外,一些从事职业教育培训实训室设备和环境建设的公司,为工程师的培训开发制作一些了仿真软件,如为 3G 工程师的培训制作的基站维护的仿真软件,模拟移动基站的现场环境和设备,教师也可利用这些仿真软件来实施模拟教学。

4. 案例教学法

案例教学法是指利用以真实的事件为基础所撰写的案例进行课堂教学的过程。案例教学主要通过案例分析和研究,培养分析问题和解决问题的能力,并且在分析问题和解决问题中建构专业知识。适合于已掌握了一定专业理论知识和有一定知识积累后的教学。

通信技术专业中大量的维修、维护、规划、设计案例都可以作为案例教学的选材。

5. 考察教学法

考察教学法是教师组织学生围绕某一教学目的,到现实中去实地观察或调查研究的一种教学方法。它一般是由教师组织学生进行现场考察,然后取样分析、共同研究,最后做出结论。

这种教学方法的中心是学生独立搜集和整理各种来源的信息,教师提供咨询和支持。

根据国内职教现状,考察教学法可独立使用,也可以结合常用到的现场教学和学生顶岗实习中去配合实施,使这两种教学方式的目的性更强,教学过程得到规范,从而取得更好的效果。

6. 项目教学法

项目教学法是围绕职业工作内容将传统的学科体系课程中的知识、内容转化为若干个教学项目,通过项目组织和展开教学,使学生直接参与项目全过程的一种教学方法。几乎所有实践型强的专业和课程均适用这种教学方法,例如电子产品开发、机械设计、软件开发和工科的实训等课程。不少教师认为项目教学法对学生综合能力的要求较高,当然得到的锻炼也比较大,适合在高年级选用,低年级使用小项目进行驱动,其实和任务驱动法十分接近了。

从严格或者说狭义的角度,项目教学法中的"项目"应具备从无到有的制作过程,其结果应是可视、可测的"产品",如设备、零件、计算机程序等。通信技术专业中大比例存在的维修、巡检维护、故障修复"项目"都不属于此列。比如"维修",对象已经存在,而且是要把已"有"故障,变成"没有";"巡检维护",更是要防患于未然,把要出现或扩大的故障,扼杀在"摇篮"里。以此理推断,项目教学法在通信技术专业中不会得到广泛的应用。

但在实际的教学中,从事通信技术专业教学的教师,从教学内容和目标出发,还是设计了大量项目教学法应用的教学案例,他们把综合故障维修、优化方案设计、工程安装建设等内容都称为"项目",并将"故障得到修复"、"安装完毕"、"得到优化方案并实施检验"等作为最终的项目成果,教学过程的设计和评价也都符合或者说尝试符合项目教学的特点。

那么,这些项目教学法在通信技术专业应用的案例是不正确的,还是有道理的?编者认为,这个问题应交由最终使用教学法的教师和学生来判断。了解和掌握方法不是最重要的,最重要的是,是否应用了正确的方法,是否将行动导向教学的思想、过程和方法正确地贯彻到了职业技术教育教学活动中,是否适应了学生的特点,最终是否产生了"真正"的学习。

基于以上的考虑,我们认为了解和掌握项目教学法,对于通信技术专业教师的培训是必要的;对于教师正确选择方法,并正确运用到自身教学工作中,是重要的。

特别说明

在如此众多的教学方法面前,诸如"这个教学法与那个教学法究竟有什么不同?"、"这两个教学法名称差不多,很多内容都相似,但仔细想想,好像又存在区别,这样的区别究竟是原则性的,还是无关大雅?"、"这个教学法在这个文献里叫这个名字,在另一个著作里又叫其他的名字,究竟是名字的不同,还是内容有所区别?"……这些问题不时困扰着从事教学工作时间不长、教学经验尚浅的年轻教师们。在本书中,我们强调并力图表现出这些教学方法之间的差别和个性,通过对比和彰显各自的不同,有助于教师真正的、准确地掌控这些教学方法。但仅仅局限于准确区分并不是最终的目的,正如"教无定法,贵在得法"所言,教学法最终的应用是交叉的、综合的、灵活的,我们学会各种教学方法"招数"的目的,是为了融会贯通,不拘泥于形式,以直接命中教学目标,达到"无招胜有招"的境界。

6 通信技术专业引导文教学法

6.1 引导文教学法概述

引导文教学法在行动导向的职教领域是一种应用较为普遍的教学方法。它借助一种专门的教学文件(即引导文)引导学生独立学习和工作,其特点是教学文件中包括一系列难度不等的引导问题。学生通过阅读引导文,可以明确学习目标,清楚地了解应该完成什么工作、学会什么知识、掌握什么技能。

引导文教学法使学生愿意更多地尝试以自己为主体地参与教学活动,让学生由模仿学习方式转变为认知学习,发挥学生在技能实践的主体作用,使学生形成独立获取知识与应用知识,并转化为独立操作的能力,最终实现素质教育。

引导文教学法的特色和关键是引导文和引导问题,最终的目标是引导学生独立完成某个项目工作,取得工作成果。因此,也可将其视作是项目教学法的补充和完善,即项目的导入阶段,可采用引导文教学法。

6.2 引导文教学法引例一

题目:电话机及电话机电路组成

姓名:＿＿＿＿＿＿＿＿＿

班级:＿＿＿＿＿＿＿＿＿

日期:＿＿＿＿＿＿＿＿＿

在阅读教材和在网络上查询相关知识后,请按顺序完成以下问题:

(1)电话机的基本功能是把用户发出的＿＿＿＿＿转换成＿＿＿＿＿,由＿＿＿＿＿传递到另一端,另一端的电话机再将＿＿＿＿＿转换成＿＿＿＿＿。

(2)电话机主要有哪些类型?

(3)电话机的主要功能有哪些?

(4)话机的信号音功能,主要包括＿＿＿＿＿、＿＿＿＿＿、忙音。

(5)你在日常生活中常用电话按键有哪些?阅读材料后,你觉得还有哪些按键以前不知道、但现在觉得可能很有用的?

(6)电话机为什么需要具备消侧音的功能?

(7)电话机使用中的安全注意事项有哪些?

(8)请画出电话机的结构框图。

(9)受话器是将＿＿＿＿＿信号转变为＿＿＿＿＿信号的转换器件。常见的受话器有哪些类型?请各用一句话简单描述各类受话器的工作原理,并比较它们的特点。

(10)常见的送话器有哪些类型,请各用一句话简单描述各类受话器的工作原理,及比较它们的特点。

(11)请画出动圈式受话器和送话器的结构草图。

(12)我们都知道电话的送出的声音效果明显不如音响喇叭,如果把电话的送话电路接到音响的喇叭上,是不是能取得像音响那样好的声音效果呢? 为什么?

特别说明

  教师为实施本例教学活动,为学生事先准备了一些阅读材料(如教材和网站 URL)和一系列引导问题。除了提供相关信息资料外,引导文法关键就在这些引导问题的设计上:首先这些问题从电话机简单的整体认知开始,到主要功能的提炼和分类,以主要功能为切入,结合话机内部组成结构,逐渐深入电话机的各项关键技术和原理,这样的设计显然符合人们认知事物时从整体到细节、从外围到核心的一般过程。

  每组引导问题的设计都应是从简单到复杂的过程,逐步引导。可以先是填空形式,在受限的发挥空间内,让学生先建立基本的认识;然后通过简答和作图类的问题,让学生进行总结和分析;最后可以设计一到两个比较开放的问题,给学习者以更多的发挥空间,这些问题需要学生查阅更多资料,发挥更多想象才能完成。

6.3 引导文教学方法分析

  从上面的引例中,我们可以看出,引导文教学法借助于预先准备的引导性文字,引导学习者解决实际问题。引导文以书面提问形式出现,学生完成引导问题需借助辅助材料。辅助材料中含有完成任务所需的提示和必要的专业信息。

  引导文件中包括一系列难度不等的引导问题组成。学生通过阅读引导文,可以明确学习目标,清楚地了解应该完成什么工作、学会什么知识、掌握什么技能。在引导文的引导下,学生必须积极主动地查阅资料,获取有意义信息,解答引导问题制订工作计划、实施工作计划、评估工作计划,所以,引导文和引导问题为学生提供信息并对整个工作过程的执行提供帮助。

  引导文教学法避免了传统教学方法理论与实践脱节、难以激发学生学习兴趣的弊端。与其他行动导向教学方法相比,其引导性更强,教师能容易获得更多的掌控,但也存在可能会因对学生限制过多,导致学生只是应付引导问题,并不真心参与教学活动的缺点。

6.3.1 引导文的种类

  引导文教学法大致分为以下三类:项目工作引导文、知识技能传授性引导文、岗位分析引导文。

  1. 项目工作引导文

  主要的任务是建立起项目和它所需要的知识能力间的关系,即让学生清楚完成任务应该懂得什么知识、应该具备哪些技能等。典型的项目工作引导文可以是一个独立的生产准备过程或产品加工过程,可以是一个完整的维修项目,也可以是一个完整的安装项目,或开发一个能独立完成特定要求的文字处理软件等。

  2. 知识技能传授性引导文

  围绕教材中某一知识或某一教学内容,准备引导文。这种课文引导法与传统教学的"自学引导"和"课前预习准备"在形式上很类似,但是会因为采用了行动导向的设计思念而产生很大的不同。

首先,所有问题的出发点源于本专业的职业活动,可能是某一产品(如电话机、可视电话机),或某一实际问题(如手机不开机的故障),或某一种现象(如电话常常打不通),或某一种职业活动过程(如通信终端维修指南等)。

其次,学生自主学习过程是重点,它既不是因为教学内容不是重点采用自学解决,也不是进行简单预习以为后续课堂讲解做铺垫,它是在寻找问题答案的过程中学习知识、获得技能,教师后续的讲解、点评是为学生自主学习服务的。

第三,引导文教学有一定或者说是很大的发挥空间,教师设计、引导并鼓励学生不要局限于课本知识,尽可能地去发挥。

所以,引导文教学主要功能在于使学生不仅学习知识,而且还要真正地知道这一知识在实际工作中有什么作用。

3. 岗位分析引导文

岗位分析引导文可以帮助学生学习某个特定岗位所需要的知识、技能以及有关劳动、作业组织方式的知识。岗位分析引导文可以是与该岗位有关的工作环境状况、车间的劳动组织方式、工作任务来源、下道工序情况、安全规章、质量要求等。典型的例子如质量控制员、维护人员、售货员等岗位任务说明。

由于每个工作岗位的具体要求随着形势的变化而不断发生变化,因此开发符合实际情况的引导文常常具有一定的难度,需要教师与职业岗位有着比较紧密的联系。

6.3.2 引导文教学法的适用范围

如果教学目标是学生独立获取信息,独立计划、实施一个真实工作,并实现自我监控时,适合采用这种教学方法。

引导文法可用于新知识的学习和已学知识的复习上。

6.3.3 引导文的构成

引导文的构成和内容,决定了教学所需要的教学组织形式、教学媒体和教材等。不同职业领域、不同的专业所采用的引导文也不尽相同,总的说来,引导文基本上由四部分组成:引导句、引导问题、工作计划和检查表格。

1. 引导句

引导句包含了解决任务所需的所有信息。多数情况下,引导句中的任务描述,即是一个项目或范围相当的工作的任务书,可以用文字的形式、也可以图表的形式表达。

引导句篇幅首先取决于任务的类型和复杂度。

专业信息可以作为引导句的组成部分,但是为了更好地促进学生专业能力的发展,教师尽量不给学生提供现成的、直接可用的信息材料,而是提供能够获取这些信息的渠道,这样可以培养学生独立获取专业信息的能力以及与这些信息占有者打交道的交际能力(即社会能力)。

如果教师设计让学生独立开发资讯材料,教师也应提供相应的手册、表格、图纸和专业书籍以及提供一些必要的辅导性说明供他们使用,如提供或列表出在其他专业文献中找不到的有关工作过程、质量要求、劳动安全规律、操作说明书等。

2. 引导问题

引导问题是引导文的核心。引导文是将教学目标融入其中的文本,最核心的部分是老师设置的引导问题。即学生如果解决了老师所提出的引导问题,自然而然就实现了教学目标,学生也在这个过程中培养了"方法能力"。

引导的结果是学生独立获取所需信息并针对布置下来的任务拟订工作计划。

为使教师较好的了解学生的学习进度和可能遇到的困难,这些引导性问题应以书面形式回答,并由教师检查。

引导问题的设计应按照工作过程的各个阶段逐渐展开,先易后难。

按照引导文中的问题,学生应当做到:

(1)想象完成工作任务的全过程。

(2)设想出工作的最终成果。

(3)安排工作过程。

(4)获取工作所需要的信息。

(5)制定工作计划。

3. 工作计划

工作计划将由学生独立完成,并与教师充分讨论。

一张供学生填写的表格会在他们制订工作计划时起辅助作用。表格里可以填写该工作计划的各个步骤以及必要的材料、工具和设备,见表6.1。

表 6.1   工作过程计划表

序号	工作步骤	工具/材料	所需时间	数量、预算等

4. 检查表格

学生用检查表格评定工作结果。检查表里的重要质量评价标准围绕给定的任务,如果情况允许,检测质量评价标准应由学生独立依据工作订单里的预先规定来拟订完成。这样,使学生避免工作的盲目性,以保证每一步骤的顺利进行。

6.3.4   引导文法的一般教学阶段

引导文教学法通常按照:激发学习积极性→信息收集→计划→决策→实施→检验→评估等七个步骤实施教学。

"激发学习积极性"是开展学习活动的第一个阶段,后续的六个环节形成了一个闭环过程,如图 6.1 所示。

从"信息收集"开始到最后的"评估"结束是一次教学活动的完整过程。在最后的评估环节中,通过内化和分析总结,教师或学生可能提出改进的意见和新的问题。接下来,针对重大改进和新问题,就可能引出下一轮教学活动的开展,于是从"评估"环节又回到了"信息收集"环节,这一次是为新的学习任务收集信息。这样在前一个教学活动的评估阶段已经激发了学生对下一个任务的学习兴趣,所以评估环节结束后并不总是回到"激发学习积极性"的环节。这也是在图 6.1 的闭环描述中没有"激发学习积极性"环节的主要原因。

引导文教学法的教学活动从其过程看是闭环的,但教学内容随着每次循环不断变化,从而使整个课程的各个教学活动环环相扣、向前推进。

1. 激发学习积极性

教师师首先给学生介绍学习任务,操作过程和学习目标。这些内容的讲解通过可以借助实物和在真实的工作环境下进行,要切入主题且具启发性。教师可以借助头脑风暴的方法,对

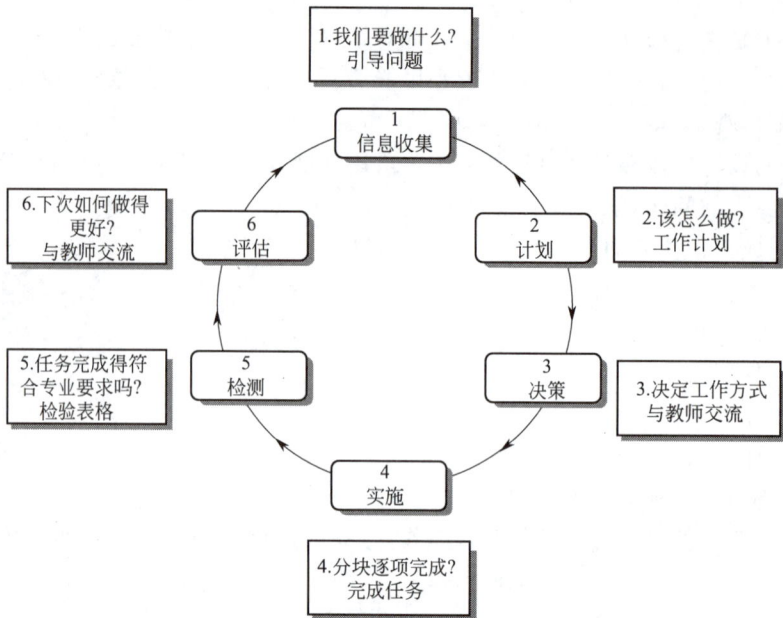

图 6.1　引导文教学法的教学过程

思想交流进行导向和提出问题,进而唤起学生对工作和学习过程的兴趣。

2. 信息收集

信息收集阶段的主要任务是信息收集,引导文中的引导问题制定了搜寻的范围和解决问题的进程。学生在引导问题的帮助下,通过查阅相关资料,回答引导问题,从而获取制订计划和执行任务所需要的信息。

学生根据所接受的任务广泛地查阅资料,可以借助图书资料,也可以借助网络,旨在借鉴其他人的思路和想法,为完成任务积累经验,同时也可以及时了解到与任务相关的通信产品、技术和设备发展的最新动态。这是学生完成任务的前期重要过程。

3. 计划

学生通过借助引导材料,独立制订自己的实施方案。这些方案往往包括材料、工具、工作的程序等内容,如完成工作计划表。

4. 决策

学生在与教师的交流中详细讨论经过自己回答的引导文和拟定的计划方案。在这个阶段,学生要把回答引导文问题,和制定的实施方案要向老师汇报,老师和学生一起决定实施方案的是否可行。教师将会检查学生是否已掌握必要的知识,如果学生已经掌握了必需的知识和技能,制定出实施方案可行,就可以批准进入实施阶段。否则,学生还要重新搜寻信息,重新制定实施方案,直到方案可行为止。

5. 实施

学生根据实施方案以团体或分工的形式执行训练任务。

6. 检测

原则上,在完成任务后,学生应先独立检查和评估自己的工作结果,检测时使用的工作质量检查表,一般由学生在计划阶段事先设计好,当然也可由教师制定。检测的主要目的是回答这样一个重要问题:"是否专业地完成了工作订单?"

有时在实施阶段的中期进行检测,也是有必要的。因为这可以让学生体会到工作任务进程中的时间节点,同时中期检测结果也会影响最终结果的质量。

7. 评估

学生将与教师一起对整个工作过程和结果进行评价,这次交流有利于教师开发和制订新的目标和任务,使教学工作再一次回到新的起点。教师促使学生把自己的评价结果同客观的标准进行比较,并引导学生思考整个工作任务的完成过程,回答:"下一次必须在什么地方做得更好?"的问题,为下一步行动制订改进意见。

6.3.5 引导文教学法的教学要求

1. 对学生的要求

要求学生独立工作,具备针对具体问题的专业知识,从而能够借助教材里的信息文本处理任务。学生们必须、并能够依据引导问题完成自学。

2. 对教师的要求

教师应该在整个的操作过程中尽可能地只在一旁扮演咨询师角色。

教师必须提前对工作任务和引导文进行选择。

为了应用引导文教学法需要付出相对大的工夫来做准备工作,如遴选主要的学习参考资料或提供资料列表,让学生在图书馆或上网查询;设计引导问题,使这些问题确实能帮助学生逐步掌握足够的信息,并指向一个正确的工作计划的形成。

6.4 通信技术专业引导文教学法应用一

在上面章节中,我们介绍了引导文教学法的实质以及运用此教学法的详细步骤,现通过手机维护的例子,详细介绍引导文教学法在通信技术专业的运用。

【题目】 手机 SIM 卡故障维修。

【引导句】 张女士的诺基亚 8250 手机出现故障,表现在其插入 SIM 卡后开机,手机显示"请插入 SIM 卡"。通过交流,维修人员了解到由于张女士前几天出差,她就在外地购买了一张SIM 卡,回家后把现在这张 SIM 卡插入时,就出现上面所说的故障了。由于张女士急需在这张SIM 卡上面找以前保存过的一个电话号码,所以就拿到维修中心请求帮助。如果你是该手机维修中心的工程师,你需要及时检修,并总结一份检修材料,提交工程师交流论坛共享使用。

【学习目标】

(1)了解 SIM 卡在存储和保护用户信息方面的情况。

(2)对分析和检测 SIM 卡故障的方法、步骤有基本认知。

(3)学会判断 SIM 卡典型故障的原因并进行维修。

【信息资料】

(1)严家强. 现代手机原理与维修(中职). 西安:西安电子科技大学出版社,2008.

(2)网上手机维修之家. http://www.112c.com.

【引导问题】

(1)请挑选与本次任务有关的关键词,并按它们的重要性排序:

用户交流、故障重现、SIM 卡功能、故障产生、维修工具、手机结构、SIM 卡结构、移动通信、基站、天线、鉴权……

特别说明

　　处理第一个导入问题时,教师可组织同学们用头脑风暴或思维导图方法,让学生来列出关键词,从而打开思路、活跃课堂气氛和激发学习兴趣。这也是引导文教学法实施中常用到的手段。

　　(2)SIM 卡又叫＿＿＿＿＿＿＿卡,存储了几类信息,它们分别是:＿＿＿＿＿＿。

　　(3)SIM 卡的主要功能有哪些?

　　(4)故障起因是什么? 故障现象有哪些? 客户维修需求有哪些?

　　(5)不能读取 SIM 时,一般的故障原因有＿＿＿＿＿、＿＿＿＿＿、＿＿＿＿＿。相应的处理方法有哪些?

　　(6)请写出 SIM 卡(或手机)故障检修的基本步骤。

　　(7)请将 SIM 卡故障检修时可能需要的工具和材料填入下表。

表 6.2　手机检修工具/材料准备表

工具/材料	作　　用

　　(8)请列出手机故障检修需特别注意的安全准则。

特别说明

　　以上是针对信息收集阶段的问题,引导学生去获取 SIM 卡基本功能,故障可能的原因,检修的基本步骤,需要的工具、材料等信息。

　　(9)请完成维修工作计划,并与教师讨论计划。

表 6.3　故障检测计划表

序号	检测目标	使用工具/材料	检测方法	所需时间	检测结果	故障分析

表 6.4　故障维修计划

序号	维修目标	使用工具/材料	维修方法	所需时间	维修结果

特别说明

　　完成维修计划的过程,也是学生利用资讯分析问题并尝试解决问题的过程。在计划完成、进行决策时,教师应与学生充分交流,和学生一起制作一个可行的方案。必要时,可以组织讨论会。

(10)请具体完成本次手机 SIM 卡故障维修任务。

特别说明

教师向学生提供故障的 SIM 卡和手机,由学生来完成具体的维修任务。发生故障的 SIM 卡和手机的确需要教师进行精心的准备。如果学生分为多组,教师最好为几种典型故障分别准备素材,各组处理不同类型的故障,然后交换。

实施过程是学生综合应用知识能力的过程。学生所学理论知识能否付诸实践,其设计正确与否,都只有通过任务的实施来最终加以验证。这个过程也是学生对所学知识的再认识、再学习、再提高和创新意识培养的过程。

(11)请按表 6.5 检查和评价自己的工作任务完成情况。

表 6.5　手机检修工作评价表

检查项目	成功之处	不足之处
能否迅速地查找故障点、分析故障原因		
处理故障步骤是否合理、操作是否准确		
故障是否完全排除		
维修完,送修产品恢复后,外观是否美观、整洁		

特别说明

先由学生完成自我评价,然后与教师讨论。评价的方式可以是给自己打分,也可以是进行具体的描述,如本例。等级分值的方式适合高年级,对自我评价已有足够认识的学生使用。低年级学生应更多地给他们以具体的指导,哪怕只是"一般"、"较好"这样的词语,也比 3 分、5 分对他们更实用。

不管采用怎样的形式,都应该建立一个有具体指标、可操作性强的评价标准指标体系。在这个体系里除了包括专业知识和技能,还应包含态度指标,如本例中的最后一项指标。

评价阶段中教师的评判讲解也很重要,它比普通说教更有效,更使学生受益匪浅。

(12)请与教师一起讨论下一步改进的目标和方法。

表 6.6　手机检修工作反馈改进表

改进项目	改　进　建　议
"评价表"中不足的项目	
⋮	⋮

特别说明

评价和反思往往是学生忽略的环节,他们会认为这是多余和走走形式。所以这两个环节需要教师耐心地多给予具体指导,形成书面文字,帮学生逐步建立起正确评价和适当反思的习惯。

通过评价和反思使任务之间具有一定的关联和递进,前一个任务的反思能够影响后一个任务的有效完成,将是很好的方法。如在本例中,教师准备多种故障素材,让学生完成一个任务以后,进行交换,这样前一任务的经验和教学就能被后一相似任务借鉴,发挥出评价和反思环节的作用。

本例是项目工作引导文教学法案例,其最终目标是要学习者具体实施一个任务。

本例设计的引导问题基本涵盖了行动导向教学的 6 个阶段:

问题 1 至 5 针对信息收集阶段,获得与本次任务有关的需求、规范、技术路线、关键点等等资讯,以帮助计划和决策。

问题 6~9 针对计划阶段,帮助学习者从提出自己的建议到完成工作计划。

问题 10 针对决策阶段,学生通过与教师的交流,获得指导,教师则在检查学生完成引导问题的情况和计划后,对学生准备情况和当前状态进行研判,决定是否让其进入到实施阶段,或是返回前两个阶段做出相应调整。

问题 11 针对实施阶段,在实施阶段,教师应注意观察学生的执行情况,并作出适当的纠正,但要把握好分寸,只在学生确实无法自我调整到正确轨道上时才加以干预。

问题 12 针对评价阶段,教师要与学生共同讨论完成的得失,和可进一步改进的内容。

通过这 12 个问题,引导着学生完成行动导向教学的各个阶段,教师在抛出问题后,就开始扮演咨询者和参与者的角色,把教学的主体活动空间交给学生。

引导文法特别适合尚不熟悉行动导向教学过程的学生,这种情况下,陡然让学生马上动手去做,学生往往会感到茫然无措,此时引导问题会引领着他们去具体实施。对于一些比较复杂的项目,引导文法也可以帮助学生们少走弯路。

【学习素材】

手机中的 SIM 卡包含所有属于该手机用户的信息,相对于手机来说是一个独立部分,极容易出现故障。SIM 卡叫"用户识别卡",是一张符合 GSM 规范"智能卡",它实际上是一张内含大规模集成电路的智能卡片,用来登记用户的重要数据和信息。SIM 卡最重要的一项功能是进行鉴权和加密。当用户移动到新的区域拨打或接听电话时,交换机都要对用户进行鉴权,以确定是否为合法用户。这时,SIM 卡和交换机同时利用鉴权算法,对鉴权密钥和 8 位随机数字进行计算,计算结果相同的,SIM 卡被承认,否则 SIM 卡被拒绝,用户无法进行呼叫。SIM 卡还可利用加密算法,对话音进行加密,防止窃听。

(1)SIM 卡典型的故障原因

①SIM 卡座接触点氧化。

②SIM 卡故障。

③主板硬件故障。

（2）SIM 卡故障维修集锦

当手机打开时，手机都要与 SIM 卡进行数据交流。没插卡时，这些信号不会送出。手机插入 SIM 卡无任何反应或插入 SIM 卡显示出错（Bad Card/SIM Error）时，这可能是因为 SIM 卡开关不良和接触不良，或使用废卡产生的问题。在 SIM 卡插座的供电端、时钟端、数据端，开机瞬间可用示波器观察到读卡信号，如无此信号，应为 SIM 卡供电开关周边电阻电容元件与卡脱焊问题。用示波器检查，开机瞬间用示波器观察到读卡各种信号，排除 SIM 卡出现故障。

SIM 卡与主板连接方式有直连式、滤波式、电源式、排线式。诺基亚 8250 手机采用排线式连接方式，SIM 卡都在上翻盖内，属上翻内装 SIM 卡，其优点是换 SIM 卡时不用关机取电池。但排线松动或损坏、卡座损坏都易引起不吃卡故障，有时还出现插卡死机现象。其原理图如图 6.2 所示。

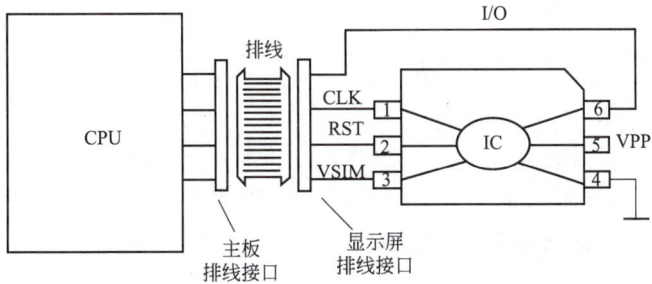

图 6.2 诺基亚 8250 手机排线式连接方式

SIM 卡读卡电路的原理以及故障处理方法。诺基亚手机经过了 DCT1、DCT2、DCT3、DCT4、DCTL（即 DCT5）等五代数字核心技术（如 9210，9210i）。DCT4 系列手机的特点，SIM 卡采用 1.8 或 3V 低电压供电，电路形式则一般采用电源式结构，SIM 卡通过滤波器与电源 IC 相连，显然，这样的结构是滤波式 SIM 卡电路和电源式 SIM 卡电路相结合的产物。有的地方也认为滤波器为 SIM 卡的保护元件，原因是它一方面滤波，另一方面也能保护 SIM 卡。SIM 卡电路有关的其他电路，如电池检测电路和电源与 CPU 的 SIM 通信电路，维修 SIM/UIM 卡的故障时一定要把这些因素加进去分析。诺基亚 8250 手机读卡电路如图 6.3 所示。

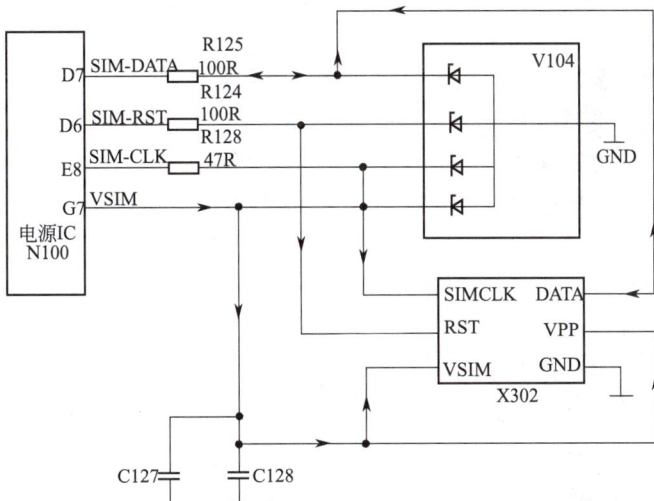

图 6.3 诺基亚 8250 手机读卡电路

该 SIM 卡电路为电源式电路,SIM 卡通过 R125、R124、R128 直接与电源 IC 相连。V104 为 SIM 卡保护管,通过检测发现 V104 损坏,直接拆除之后,故障排除。

特别说明

> 受教材篇幅的影响,我们配合本例给出的学习材料内容的指向性过于明显,学生进行简单阅读就能找到引导问题的答案。总是给出这样的资料将不利于培养学生的阅读能力和资料分析的能力。所以在实际操作中,随着课程的深入教师应逐渐给出更多的学习资料,或者以给出教材相关内容页码的方式,让学生更多地遴选资料并阅读。

6.5 通信技术专业引导文教学法应用二

【题目】 制定基站维护作业计划表。

【引导句】

有计划地完成维护任务体现了一个机房维护人员的优秀职业素质,它帮助我们以最少的时间完成维护任务,花最少的力气,同时能够有效、及时地发现问题,为所在企业赢得时间、减低故障代价,节省故障维修成本。能够制定计划,也许还能使你提升到一个更高的等级。

不过,制定维护计划并不是一件简单的事情,那么就请你开始着手制定一个基站维护作业计划吧。

【学习目标】

学会制定基站维护作业计划表。

【信息资料】

(1)韦泽训.GSM&WCDMA 基站管理与维护.北京:人民邮电出版社,2011.

(2)中国通信运维网.http://www.comcw.cn.

【引导问题】

(1)一份基站维护计划表会应涉及哪些内容:维护作业对象、_____、维护作业周期、_____。

(2)电信运营商对基站维护的规范要求有哪些主要的内容?

(3)基站维护的主要项目及要求有哪些?

(4)基站维护作业的明确维护界面界定、维护项目有哪些、具体内容是什么、不同项目的维护周期是多长、维护需要达标的规范标准是什么、维护中的维护和排除故障需要的工具仪器仪表及其使用方法等。

(5)请制定制定维护作业计划表,表中包含维护周期、维护项目、子项目、操作指导、参考标准、检查情况、备注等内容。

(6)评判基站维护作业计划表,并修改定稿。

对基站维护作业计划草稿进行评判,可以分小组,也可以全班同学一起,评判的标准可以事先确定好,比如维护项目是否完整、维护周期是否合理、维护标准是否符合企业实际、维护项目是否包含了足够的子项目、是否有遗漏、标准是否有差错等。

定稿后的基站维护作业计划表,部分示例参考表 6.7。

表 6.7　基站维护作业计划表

周期	维护项目	子项目	操作指导	参考标准	检查情况	备注
月	更新基站记录		按要求更新基站档案表	是否更新		
	基站的单板运行状况检查		在后台的告警管理系统中检查,对于有问题的单板可以通过诊断测试系统检查;在基站现场观察前台各个单板的面板灯状态	检查结果无异常,且单板灯运行正常		
	检查语音业务和数据业务	业务观察	通过网管的业务观察,察看是否有异常的呼叫失败情况	无异常情况		
		呼叫和上网测试	通过手机进行拨打测试和上网业务测试	能正常的呼叫和上网		
	检查电源的运行情况	电源机架和供电模块	主要检查给 BTS 供电的电源架的运行情况			
	检查风扇运行情况	风扇的硬件和散热情况	在后台检查基站风扇的运行情况;在基站现场检查风扇的运行情况	风扇硬件正常,且有散热效果		
	检查接地、防雷系统		检查接地系统、防雷系统的工作情况,连接是否可靠,避雷器有无烧焦的痕迹等	无异常		
	标签检查		标签是否模糊不清	清楚可以见		
	GPS	告警检查	有无 GPS 告警和失步告警	无告警		
		单板检查	检查 GCM 单板是否正常	无告警,面板灯运行正常		
		GPS 设备检查	检查 GPS 设备是否正常	无告警		
		连接检查	检查连接是否正常	牢固		
	基站发射功率	扇区 1	后台检查各个扇区 DPA 的功率,检查是否存在过高或过低的情况	是否有告警		
		扇区 2		是否有告警		
		扇区 3		是否有告警		

注:表中只列出了以 ZXC10 CBTS I2 型室内宏基站的维护作业计划表,撷取了其中按月为周期的部分,仅供参考。

6.6　小结和作业

引导文教学法具有以下特点:

(1)在引导文教学法中,培养学生独立工作能力是一切教学活动的基本出发点。

(2)在所有的阶段中,学生的行为都是独立(或尽量独立)的。

(3)引导文教学法是一种全面系统的能力培训的方法。

(4)在整个教学过程中,学生的行为是主动的。

在通信技术专业中采用引导文教学法,有以下突出的优点:能极大地激发学生的学习欲望,充分调动学生学习积极性,促使学生独立学习能力发展;通过学生的独立提出问题,解决问题,可以帮助学生建立起知识与技能问题的内在的联系,实现真正意义上的理论与实践的统一;通过自学后的测验与谈话,教师可以确定学生理解的程度并能进行系统性的补充;能力较强的学生主要通过自学来学习,教师可以抽出更多的时间帮助能力较差的学生,做到了真正意义上的面向全体学生;通过与他人进行专业信息交流和共同制定工作计划,培养了学生的合作能力和其他社会能力;培养了学生毅力、责任心、获取书面信息的能力,独立制定计划的能力,自行组织和控制工作过程以及检验工作成果的能力。

与传统的讲授式教学相比,引导文法往往花费的时间较多,原因如下:首先,学生要查找和分析资料,回答引导问题,讨论解决方案,并实施完成相关的内容;其次,由于每个工作岗位的具体要求随着形势的发展而不断有新的变化,因此开发符合实际情况的引导文常常有一定的难度。引导文教学法不仅仅是要求学生回答引导问题,更要具体地实施这个行动,由于通信技术专业很多工作任务的完成是需要一定数量的仪器设备支持的,因此引导文教学法更适用于仪器设备台套数足够的课程教学。

请参训教师拟定一个专业题目,组织学习材料,编写引导问题,完成一个专业教学法应用任务。在完成任务之前,可组织参训教师讨论教材所列案例的得失,对自己教学工作的启发等。

(1)你选择的专业教学法应用题目是＿＿＿＿＿＿＿＿＿＿＿＿＿＿＿,选择这个题目的原因?

(2)学习材料分为哪几类?分别来源于什么地方?

(3)通过获取、阅读、分析这些材料,锻炼学生的哪些方面的能力?

(4)设计引导问题,并指出这些引导问题与教学活动阶段的对应关系。

(5)完成本专业教学法示范课。

(6)请总结本次教案设计和示范课的得失。

7 通信技术专业任务驱动教学法

7.1 任务驱动教学法概述

任务驱动是建构主义教学理论基础上的教学方法,将以往以传授知识为主的传统教学理念,转变为以解决问题、完成任务为主的教学方法。

任务驱动教学法中教师将所要学习的新知识和新技能隐含在一个或多个"任务"当中,通过创建真实的教学情境,激发学生的学习兴趣;学生在完成"任务"的过程中掌握知识和技能。在真实的情景中,学生在教师的帮助下紧紧围绕一个共同的任务,在强烈的问题动机的驱动下,通过对学习资源的积极主动应用,进行自主探索和互动协作式学习。任务驱动教学法不仅是以任务需求为吸引力,激发起学习的兴趣,更要求学生真实地完成这个任务,并在完成任务的过程中,教师引导学生完成学习实践活动。

任务驱动教学法以培养学生心智技能或操作技能为目的,教师设置的工作任务应是可以考核的,体现技能要求的任务,教师准备的任务完成环境应包含学生易感知的实例或实物,教师在任务开始之前讲解完成该任务所需要的相关知识,演示完成任务的操作步骤与要点,学生在理解所讲内容的基础之上,顺利完成该任务,掌握所要求的心智技能或操作技能。

任务驱动教学方法符合探究式教学模式,适用于培养学生自学能力和独立地分析问题及解决问题的能力。任务驱动教学法要求学生带着任务要求,带着待解决的问题去认真学习,掌握基本概念和原理。它要求学生敢于动手,勤于实践,从而真正地掌握与提高技能;它提倡探索式学习,因为为了达成任务目标,往往有多种方法,学生可以去尝试和对比。所谓"在游泳中才能学会游泳",在完成任务过程中,才能增长知识和提高能力。

7.2 任务驱动教学法分析

任务驱动教学本质上应是通过"任务"来诱发、加强和维持学习者的成就动机。成就动机是学生学习和完成任务的真正动力系统。任务作为学习的桥梁,"驱动"学生完成任务的不是老师也不是"任务",而是学习者本身,换句话说是学习者的成就动机。因此,"任务"并不是静止和孤立的,它的指向应是学习者成就动机的形成,即任务是一个由外向内的演化过程,是以成就动机的产生为宗旨的。

"任务驱动"就是通过"任务内驱"走向"动机驱动"的过程,它包含认知驱动、自我提高驱动、附属驱动。其中认知驱动是将认知内驱力作为核心动力驱动的学习,而认知内驱力是在实践和学习的过程中,经过多次实践获得成功,体验"需要"得到满足后的乐趣,逐渐巩固了最初的求知欲,从而形成一种比较稳固的学习动机;自我提高驱动是由自我提高的内驱力作为核心动力驱动的学习,而自我提高的内驱力是个体因为自己的学习能力或工作能力而赢得相应地位的需要;附属驱动是由附属内驱力作为核心动力驱动的学习,而附属内驱力是一个人为了保持长者们(如家长、教师等)的赞许或认可而表现出来的把学习和工作做好的一种需要,是一种外在动机。

7.2.1　任务驱动教学法的关键

1. 设计任务是任务驱动教学法的关键

任务驱动教学法是以培养学生创新意识、提高学生研究性学习能力为目标的。从任务驱动教学原则出发，精心设计任务，注重引导探索，循序渐进地传授知识，是运用任务驱动教学法的关键。老师在设计任务时要认真研读课程能力目标，要将课程的专业能力目标融化在"完成一个任务"的工作过程之中，通过六步骤的教学过程，渐次强化对在完成这一指定的、有代表性的任务的思考方法，获得一种能力。这个任务是三种能力获得的一种载体。

2. 精细周密是设计任务的精要

在教学设计时，若是围绕项目开展教学，将项目内容根据教学实施的实际情况分解成核心课目或教学单元，再将教学单元分解为一个个教学任务。在教学过程中是以任务为单元进行教学设计和开展教学活动的。若已有任务驱动型教材的情况下，教材中的教学任务可进行两种处理：若教材中的教学任务设计合理，可以依据教材所设计任务进行教学过程设计；若教材中设计的任务不太合适，也可由教师根据教学实际需要另行设计教学任务，另行设计教学过程，教材中的任务可供学生参考或课后学习。

教学任务的设计尽可能贴近生活实际、贴近生产实际、贴近学生认识和知识实际，任务难度不能太大。同时，设计任务时应该考虑给学生留有思考的空间、分析的空间、探索的空间、交流的空间、拓展的空间等。

7.2.2　任务驱动教学法的注意事项

任务驱动教学法是紧紧围绕着"任务"这个中心展开教学活动的，所以，设计"任务"是非常重要的，是关系到任务驱动教学法成败的关键所在。教师在设计"任务"时，要以"技能的渐进和适度的循环反复"为原则，设计任务要巧妙合理，各任务之间既要相互独立又要前后衔接，体现课程的完整性及递进性，同时设计的任务要难易适度、有层次感，既使学生感到有一定的挑战性，又使学生在完成任务的过程中不断获得成就感。这样，既提高了学生的学习兴趣，又培养了学生分析问题、解决问题的能力。在运用任务驱动教学法时，下面提供几点具体意见供参考。

1. 任务设计要以"技能的渐进和适度循环反复"为原则

教师在设计课题时，应根据学生现有的知识水平和课程特点，首先设计一个相对简单的工作任务，后面才是逐渐复杂的工作任务。但是，后面的课题与前面的课题有一部分技能点是相同的，使技能掌握在不断循环、不断反复的过程中得到提高和强化。通过逐渐复杂的工作任务，可以不断提高学生的学习能力。在后面的课题，教师会逐渐减少指导的成分，增加学生独立完成任务的成分，提高学生独立操作的能力与创新能力。

在深入阶段，要采用以教师为主导、以学生为主体的教学思路，而且越到课程的后期，任务越要模糊化，可只规定任务主题，让学生充分发挥个人创新意识，自由完成任务。教学中教师要激发学生自主学习与探究学习的热情，增强学生参与知识建构的积极性和自觉性。在学生完成任务的过程中，教师要注意及时发现和解决学生在自主学习中碰到的困难，让学生少走弯路。

2. 任务设计要巧妙合理，体现课程的完整性和递进性

任务设计要根据课堂教学的特点，根据本课程所要掌握的操作技能，使所设计的任务尽量

在两节课或更小的周期内完成,否则任务驱动教学法就失去了其合理存在的意义,也就达不到教学目的了。而且,每个任务的设计不应包含太多的知识点,同时应把前面任务的知识点综合到后面的任务中,使学生掌握的操作技能在完成任务的过程不断地得到提高,同时也使学生不会因为新知识点的增多而对完成任务失去信心和兴趣。例如,在学习"电路原理图设计"这个模块时,可以设计成6~7个小任务,把要掌握的操作技能包含在这几个任务中,且后面的任务包含了对前面知识点的复习和巩固,每次上课时布置1~2个任务,针对本节课要掌握的知识点进行讲解,然后让学生按实例进行上机操作。当几个教学任务完成时,学生也就掌握了"电路原理图设计"这一模块的教学内容。

　　3. 任务设计要难易适度,具有一定的挑战性

　　在设计"任务"时,要注意学生的特点和知识接受能力的差异,充分考虑学生的现有文化知识、认知能力和兴趣等。在设计"任务"的过程中,要始终根据学生的实际水平来设计每一个任务,使设计的任务具有一定的难度,但这种难度并非"深不可测",要符合"跳一跳,够得着"的原则。

　　设置任务的难度梯度适中,对教学的作用符合"小步快跑"的学习原则。任务设置太过简单,学生认为太简单没意思,没有成就感。他们不会"行动起来"。设置难度过大,学生的知识、技能不能达到,也会事与愿违,学生会认为太难了,自己做不了,学生失去学习信心,他们也不会"行动起来"。因此,任务设计要给学生留有发挥的余地,使学生觉得有一定的挑战性,激发学生主动学习的热情。

7.3　任务驱动教学法的实施

　　与其他行动导向的职教教学方法相比,任务驱动教学法在国内较早得到应用和推广,从较早的、比较简单的"任务引领"的方法,发展到现在各环节都有相应发展的以任务为驱动的完整教学过程。随着应用的深入,任务驱动教学法的发展和变化很多,究竟它有哪些环节,有多少个环节,这些环节又各自包含什么内容,可以说是众说纷纭、百家争鸣。甚至还有人认为,并不存在所谓的任务驱动教学法,因为几乎所有的行动导向的教学方法都强调以一个具体的"任务"作为载体,不同的只是是否将这个"任务"称之为"任务",比如项目教学法中的一个项目,就被有些教师当作是一个"任务"。

　　针对这个问题,编者在观察、分析了大量任务驱动教学法的应用实例后,认为:首先,任务驱动教学法在国内的应用是有自己的特色的,教师中使用任务驱动教学法的比例比较大,这是因为"任务"的选材在各专业有很大不同,比如设计完成一件电子作品,对一件产品的维修,通信机务维护中的一次常规巡检,都被教师们当作是可供教学使用的任务;其次,对比任务驱动教学法和项目教学法,从选材类型上看,"任务"似乎比项目教学法中的"项目"要多一些,从规模上看,主要以完成"作品"为载体的项目教学,可以进一步划分为多个小的任务,以引导学生逐步完成,相比而言,任务教学法的"任务"规模一般较小。

　　基于工作工程的行动导向教学方法都具有相类似的结构,粗线条地看,他们都基本相同。但是,每种方法都有自己的特色和侧重点,任务驱动教学法也不例外。在本教材中,首先结合行动导向教学,对其一般的实施步骤进行了概要分析,分析结论是任务驱动教学法也是行动导向教学思想指导下的一种发展。接下米,教材对任务驱动教学法需要注意的关键点进行了细致分析,目的是帮助读者全面了解和掌握这种教学方法。

7.3.1　一般步骤

图 7.1 中,展现的是任务驱动教学法的一种比较典型的实施过程框图,图中还给出了教学过程中的师生互动方法和要求。图中方框表示教师或学生独立完成的步骤;圆角文字框强调了该步骤中教师和学生交互的方式,如"实物呈现"或"媒体呈现"等;斜框表示在完成这个步骤时应组织讨论。整个框图意思明确、浅显易懂。

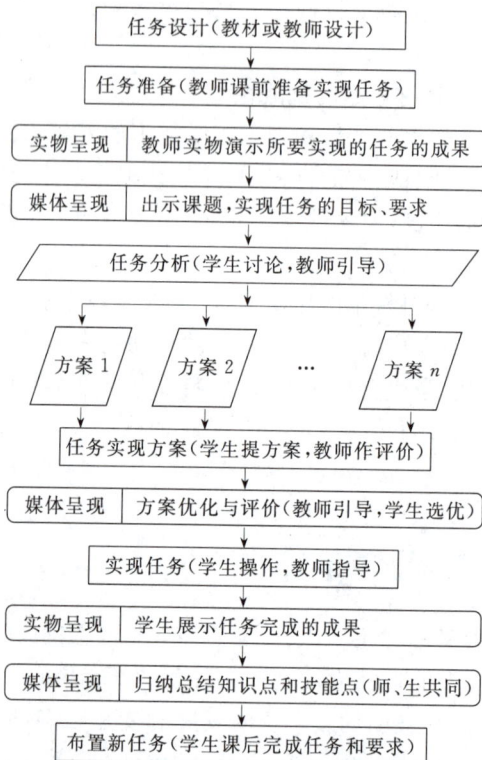

```
            任务设计(教材或教师设计)
                    │
          任务准备(教师课前准备实现任务)
                    │
  实物呈现 │ 教师实物演示所要实现的任务的成果
                    │
  媒体呈现 │ 出示课题,实现任务的目标、要求
                    │
          任务分析(学生讨论,教师引导)
                    │
         ┌──────────┼──────────┐
      方案1      方案2   …   方案n
         └──────────┼──────────┘
                    │
        任务实现方案(学生提方案,教师作评价)
                    │
  媒体呈现 │ 方案优化与评价(教师引导,学生选优)
                    │
          实现任务(学生操作,教师指导)
                    │
  实物呈现 │ 学生展示任务完成的成果
                    │
  媒体呈现 │ 归纳总结知识点和技能点(师、生共同)
                    │
        布置新任务(学生课后完成任务和要求)
```

图 7.1　任务驱动教学过程框图

以这个过程框图为例,首先对任务驱动教学法进行粗线条地分析。不难发现,其基本步骤是满足基于工作过程的行动导向教学方法的六大步骤的,即"信息收集—计划—决策—实施—检测—评估"。

1. 信息收集

获得所需材料并分析任务,是正确执行任务的前提。图 7.1 将信息收集环节进一步细分为"任务设计"、"任务准备"、"任务成果演示"和"出示任务要求"四个步骤。在这个设计中教师的主导作用占了较大比重,适合在较低年级使用,高年级应用时,可以让学生更多地参与到收集所需材料的活动中,如借助网络查询、访谈、现场考察等手段。

2. 计划

学生接受任务后,教师不要急于讲解任务的完成细节,而应先让学生讨论,分析任务并提出问题。在分析任务时可采取头脑风暴法,先鼓励每一个学生充分发表意见,教师再在各种想法的基础上适当引导,以让学生充分理解任务要求,探讨如何去完成任务、在完成任务过程中可能会遇到哪些难以解决的问题等。接下来,学生将利用分析成果对整个任务完成需要的人员、知识、时间、设备材料等做出初步的工作规划。计划环节对应于图 7.1 中的"任务分析"和学生完成各自"方案"两个步骤。

3. 决策

一般情形下，学生们通过教师启发和引导，可能做出多个不同的任务实现方案，当然，教师也应该引导学生这样做，或者至少不能一开始就限制学生只能沿着教师预先设定的思路去想。不放手让学生自己完成计划，学生永远也做不出一个像样的计划。

在决策环节中，教师通过分析对比多个方案的方法，可以帮助学生思考怎样的方案才是可行、更好的，这样他们将在对任务完成方案进行优化的过程中，学会决策和实现决策。决策环节对应于图 7.1 中"任务实现方案"讨论和方案优化与评价两个步骤。

让学生自己提出问题，教师再引导学生去解决问题，能更好地激发学生主动求知的欲望，使学生积极地去学习和理解新知识，从而实现主动学习。

例如，在数字电路课程中制作表决器的任务教学中，学生根据教师给出的工作任务采取小组合作的方式，经过认真讨论、分析任务，了解组合逻辑电路的基本特点、分析方法和设计步骤等方面知识，各小组分别自行制定工作步骤，选择学习材料和使用工具，并进行人员分工和时间安排。按照工作步骤，各组的学生都画出电路图，由各组指派代表分别介绍设计出的逻辑电路图。根据学生介绍设计的实际情况，教师进一步强调逻辑电路图设计方法和思路，然后指导学生展开讨论，经过相互启发，各自修改自己设计的电路图。在这一过程中学生手脑并用，互帮互学，不但学到知识和技能，而且语言表达与合作交往能力也得到锻炼和提高。

4. 实施

实施任务是整个教学过程的重点。设计好工作步骤后，学生就要通过多种途径、方法和手段去完成任务。在学生完成任务过程中，教师根据情况进行适当引导，如提醒注意安全，对可能导致较大失误的操作加以纠正，对遇到难关而长时间无法继续前进的学生适度提醒等。

在任务驱动教学的任务实施完成过程中，任务应该由学生完成，老师看似没什么事情做，实际上，老师要观察学生在教学过程中与教学任务的配合情况，灵活地调控教学的推进，比如时间上的分配是否合适，学生间的合作有没有人闲着、有没有参加到学习活动中去等。总之，要想一些办法让学生都行动起来。

5. 检测

任务完成了，不能是学生把成果向老师一交就完事儿。教师应该组织学生展示任务成果，以进行检测。检测不是目的，而是通过检测，使学生认真对待自己的任务和任务成果，加深对任务目的的认识；通过了解别人的完成情况，实现内省。

检测环节对应于图 7.1 中的"学生展示任务成果"的步骤。

6. 评估任务

对任务进行评估，是教学效果的重要反馈，是学生间师生间交流、交流互动的最好环节。小组学习成果的展示是激发学生学习主动性的重要手段，也是培养学生分析和判断能力的有效途径。教师在课堂教学中要组织小组进行成果展示或小组总结，同时要求学生展开互评，必要时教师相机进行点评。这是学生知识形成并产生成就感和促进提高的重要阶段。

这个阶段，在对任务实现的过程中，用到的新知识、新方法和新技能，教师适时归纳总结，根据教学内容的需要，及时补充或讲解相关的知识，介绍新知识和新技能的应用方法。

评估环节对应于图 7.1 中的"归纳总结知识点和技能点（师、生共同）"步骤。

7.3.2 关键点

任务驱动教学方法六步骤中最核心的是四个关键点:创设情境、设计任务、自主学习、效果评价。

1. 创设情境

需要创设与当前学习主题相关的,尽可能真实的学习情境,引导学习者带着真实的"任务"进入学习情境,使学习直观性和形象化。例如手机维护课程讲解中,我们就可以通过一客户因SIM卡故障前来维修的情景来设置任务,根据这一具体情况来创设情境,引入课程布置任务,学生们的热情很高,积极地去完成老师的任务。创设情境是一个非常重要的环节,它直接影响到教学的效果,因为无论你设计的任务有多好,能包含多少知识点,如果不能激发起学生要完成这项任务的主观能动性,那么这项任务的设计就是失败的,换句话说,需要创设一个能让学生积极响应、主动去完成任务的情景。

2. 设计任务

在任务驱动的教学法中,任务的设计是关键。首先要根据课程的教学目标,把教学内容精心设计为一个个的实际任务,让学生在完成这些任务的过程中掌握知识、方法与技能。任务的设置,不是一个直接的、简单的问题,而是为了让学生完成某个任务,教师提出一系列问题,当学生逐个完成这些问题时,任务就已经解决。当学生得到问题的答案时,学生就会有一种豁然开朗的感觉,从而也避免了学生为了解决问题而手忙脚乱、不知所措的尴尬。所以,教师在设置任务时,要综合考虑新旧知识之间的联系和学生的学习状态及能力,这是保障该教学方法实施的关键。当学生熟悉了这种学习方法时,教师可以设置一个最终的学习任务,然后引导学生尝试着设置前导任务,这样可以很好地培养学生分析问题、解决问题的能力。

3. 自主学习

在任务驱动教学法中不是由教师直接告诉学生应当如何去解决面临的问题,而是由教师向学生提供解决该问题的有关线索,如需要搜集哪一类资料,从何处获取相关信息资料等,强调发展学生的"自主学习"的能力。同时倡导学生之间的讨论和交流,通过不同观点的交锋,补充,修正和加深每个学生对当前问题的解决方案。

4. 效果评价

恰当的评价可以对学生的发展产生导向和激励作用,所以说对学习效果的评价是很重要的。它主要包括两部分内容,一方面是对学生是否完成当前问题的解决方案的过程和结果的评价,即所学知识意义建构的评价,而更重要的一方面是对学生自主学习以及协作学习能力的评价。

从学生角度说,任务驱动是一种有效的学习方法。它从浅显的实例入手,带动理论的学习和应用软件的操作,大大提高了学习的效率和兴趣,培养他们独立探索、勇于开拓进取的自学能力。一个"任务"完成了,学生就会获得满足感、成就感,从而激发他们的求知欲望,逐步形成一个感知心智活动的良性循环。伴随着一个跟着一个的成就感,减少学生们以往由于片面追求信息技术课程的"系统性"而导致的"只见树木,不见森林"的教学法带来的茫然。

7.4 任务驱动教学法适用范围及对象

1. 适用于学习操作类知识和技能

以学习者的角度来说,"任务驱动"是一种学习方法,适用于学习操作类知识和技能,尤其适用于工科的专业课教学,如通信技术专业课程的教学就非常适合。

2. 适用于培养学生自学能力和独立分析问题的能力

任务驱动教学方法符合探究式教学模式,利于培养学生自学能力、独立分析和解决问题的能力。它要求学生带着任务去思考、分析,查找资料、书本上的理论概念和原理。要求学生动手实践,提倡探索式的学习,在实践中掌握通信技术中的操作技能,反复强化技能,比如焊接、测量、通过测量进行的思考的判断。

通信技术专业领域的企业分为四类:通信运营企业,通信设备制造企业,通信工程安装、维护企业和通信工程规划设计企业。在这些企业中,有的把一次维修任务称为一个项目,有的把一次工程安装项目也称为项目,这些项目,有大有小、林林总总,其实都是由多多少少的工作岗位任务构成。

在专业教学中,将教学目标分解成一个个相对独立有存在相互配合关系的工作任务,就可以在教学中以任务目标驱动学生在实际的操作过程中完成学习。近年来,中等职业学校的专业教师在通信技术专业教学中,运用任务驱动教学法进行教学改革、探索与实践,取得了一定的教学效果。

7.5　通信技术专业任务驱动教学法应用

以下以《通信线路实训》课程中"光缆接续"实训内容为例,讲解任务驱动教学法应用。

【教学目标】

(1)通过岗位及工作任务,了解岗位职责、技能,工作流程、任务内容及要求。

(2)熟悉光缆接续的流程、标准、规范;掌握光缆的正确开剥及在接头盒内的固定方法。掌握应用光纤切割刀进行光纤端面制作;掌握光纤熔接机的使用及维护;掌握运用热可缩补强法进行光纤接头保护;掌握余留光纤在接头盒中的收容。

(3)培养沟通、协调和团队协作能力,感受线路工作的艰辛,提倡吃苦耐劳精神。

【适用对象】

通信技术、光纤通信、通信工程管理等专业中职学生。

【教学方法】

任务驱动教学法。

1. 分工(见表 7.1)

表 7.1　光缆接续任务分工表

分工	人员	岗位描述	岗位任务	任职条件
随工	老师	工程建设单位(业主、甲方)工程项目管理人员	代表业主实施工程施工管理及协调工作	双师型教师
监理工程师	学生甲	监理单位监理工程师	负责代表监理单位,受业主委托实施工程施工现场监理及协调工作	熟悉工程监理、认真负责
施工队长	学生乙	施工方施工队长,施工方工程项目管理人员	代表施工方对工程实施工程项目管理、协调	有一定的组织、沟通、协调能力
技术人员	学生丙	施工方工程技术人员	负责操作熔接机进行光纤接续等技术工作	熟悉光缆接续技术、能熟练操作熔接机
普工(2 名)	学生丁、戊	施工方普通工人	负责工器具准备、配合等非技术性工作	熟悉光缆接续技术

2. 任务目标书(见表 7.2)

表 7.2　光缆接续任务目标书

任务名称	任务内容	任务要求
任务一	根据所学知识列出光缆接续任务及要求表	(1)架空光缆接续 (2)结合施工验收规范、明确指标数据 (3)10 min 内完成
任务二	编制光缆接续流程图	10 min 内完成
任务三	合作完成光缆接续任务	(1)GYTA-8B1 光缆接续安装(熔接机操作、接头盒安装) (2)严格按照老师拟定的测评标准完成任务
任务四	编写实训总结报告	实训后根据模板(见后)编制合格的实训报告

3. 情景创设

(1)创建实训环境

利用实验室或者实训场所建立真实的工作场景,环境布置要尽量考虑和结合工作现场的真实场景。

①施工背景:A 市某通信运营商正在建设光传输网络,承接光缆线路施工任务的工程队已经将从 A1 机房到 A2 机房的某段架空光缆敷设到位,现在需要完成光缆的接续任务。

②布置架空光缆。

③明确光缆接头位置。

(2)按照前述角色定位,明确任务职责

(3)学生小组按照前述任务书拟定工作流程

光缆接续流程和实际工程施工流程完全一致,施工内容和要求也严格参照实际工程施工实际。

4. 分组及准备

(1)分组

根据任务驱动教学法的要求,结合工程施工实际情况,按照表 7.1 中的分工要求,明确实训分组。

①分组数量(组数):根据实际参训学生人数确定。

②每组人数、人员构成及角色。每组学生包括 5 人(监理工程师 1 名,施工队长 1 名,施工技术员 1 名,普通员工 2 名)。

③组员的任务职责:详见表 7.1。

(2)准备工作

准备工作严格按照目标任务、分组情况实施,充分做好任务驱动教学需要的软硬件条件准备。

①知识准备。

②编制实施流程、明确工序及任务。

③完成任务的硬件准备,见表 7.3。

5. 现场展示及测评

现场展示及测评是任务驱动教学法的主体环节、核心环节,任务驱动教学法能否完成教学任务,实现教学目标完全取决于这个环节,要充分考虑和做好如下工作:

(1)教学的有效组织。

(2)现场监控。

表 7.3 光缆接续任务工具器材配置表

序号	项目	材料		工具	
		规格	数量	规格	数量
1	光缆接续安装	GYTA-8B1	2 盘(盘长 2 km)	光纤熔接机(含切割刀)	5 套(分 4 组进行,一套备用)
		12 芯光缆接头盒	10 个(每组 1 个)	光缆接续工具箱	5 套(分 4 组进行,一套备用)
				酒精、脱脂棉、棉棍、牙签、西尔球、粘胶带若干、密封胶条若干	若干
				线手套	50 副(每人 1 副)
2	其他工具、用具	多孔插座 5 孔以上		12 个	
		遮阳伞		6 把(遮阳防雨)	
		凳子		若干	
		桌子		若干	
		计时器		4 个	
		裁判用笔、纸等		1 套	

(3)对学生的帮助和指导。

(4)根据任务书和测评标准进行客观公正的现场测评。光缆接续现场测评细则见表 7.4。

表 7.4 光缆接续任务现场评价表

			光缆接续任务驱动教学法现场测评细则			
项目	时限	考核内容	质量要求与评分标准	时间要求与评分标准	考核情况	得分
光缆接续	30 min	GYTA-8B1 接续操作流程: 一、开剥 1. 光缆开剥 2. 纤芯贴标签 3. 加强芯安装 4. 光缆固定 二、熔接 1. 光纤涂层剥除 2. 端面制作 3. 熔接接续 4. 质量检查 5. 接头保护 三、盘纤 1. 热缩管固定 2. 盘留收容好余纤 四、OTDR 监测 1. 用 OTDR 监测光纤接续质量 2. 后向单程测试法监测 3. 使用 OTDR 进行单盘测试:要求测试单盘光纤损耗系数、光纤长度、后向散射曲线 4. 要求手动模式操作 OTDR 五、计时 从开剥光缆开始到至接头盒封合完毕	1. 接头质量符合 YD 5138—2005 规范要求 2. 开剥长度符合接头盒操作要求 3. 端面平整,无毛刺,光纤无跳槽现象 4. 加强芯紧固,无松弛现象 5. 光缆固定在接头盒上,A、B 端无误,无断纤现象 6. 切割后裸光纤长度为 16~18 mm 7. 光纤端面平整、垂直、无毛刺、洁净 8. 接头要求良好 9. 接头热熔良好 10. 熔接机操作规范 11. 盘纤操作正确 12. 盘纤符合曲率半径要求 13. 热缩管固定良好 14. 光纤无扭绞、断裂、交叉现象 15. 接头盒密封良好 16. 操作时应符合安全操作规程	1. 光缆开剥及加强芯紧固、光缆固定符合要求,每出现 1 处问题扣 1 分 2. 切割后裸光纤长度超标扣 1 分 3. 光纤端面不良好每出现 1 处问题扣 1 分 4. 接头不良好,每纤扣 2 分 5. 熔接过程中断纤引起光纤短于 30 cm,扣 10 分 6. 接头热熔不良好,每纤扣 1 分 7. 盘纤不良,每出现 1 处问题扣 2 分 8. 熔接机使用不当扣 5 分 9. 方法错误扣 5 分 10. 操作时违反安全操作规程,每处扣 10 分 11. 每超时 1 min 扣 1 分,超时 5 min 记 0 分 12. 团队成员配合、合作不力直接扣 10 分 13. 特殊问题酌情扣分		

(5)学生综合测评,见下式:

学生综合测评成绩＝现场测评 80 分＋个人表现 10 分＋总结(报告撰写)10 分

6. 学生总结

学生要总结任务驱动教学实施过程中的经验教训,特别是要善于分析和发现自身存在的问题,找到合理的解决办法和措施,不断总结完善,提升自己的素质、技能。教学活动完成后,学生必须撰写实训报告,进行总结,实训报告的主要内容包括:任务要求,相关资料,实际分工情况记录,任务完成步骤,任务评价,个人体会总结等,除个人体会总结外,其余部分应该在任务完成过程中逐步编写完成。

7.6 小结和作业

任务驱动是实施探究式教学模式的一种有效教学方法,从学习者的角度说,任务驱动是一种学习方法,适用于学习操作类的知识和技能,尤其适用于学习信息技术应用方面的知识和技能。任务驱动教学使学习目标十分明确,适合学生特点,使教与学生动有趣、易于接受。

1. 优点

(1)学生的学习目标非常明确。

(2)学生主体性地位得到了凸现。

(3)教学质量明显提高。

(4)符合素质教育和创新教育的发展趋势。

2. 注意点

(1)任务驱动法教学模式实施的成功与否关键在于任务设计的好坏,在课前需要教师精心准备。

(2)任务导入、展示、讲解的时间不能过长,一般情况下不超过 15 min。

(3)注意学生的差异性,教学的起点以学习较差的学生为基准,对于好的同学可通过递纸条的方式给他们增加任务,使所有学生都能有所发展提高。

(4)课堂教学是一个系统整体工程,象弹钢琴一样,需要设景、煽情,做到内容、方法、心理各方面和谐统一,才能取得最佳效果。

请参训教师拟定一个专业题目,设计比较完整的任务驱动教学案例。

(1)你选择的专业教学法应用题目是_____,选择这个题目的原因?

(2)你打算如何描述本任务,以提升其作为"诱因"的效果?

(3)你设计的任务完成目标有哪些?

(4)如何考虑为达成任务目标而进行技能训练计划和知识学习计划?

(5)完成本专业教学法示范课。

(6)请总结本次教案设计和示范课的得失。

8 通信技术专业模拟教学法

8.1 模拟教学法概述

模拟教学法是一种以教学手段和教学环境为目标导向的行为引导型教学模式。

所谓"模拟"是指，以时间推进为线索，按照被模拟对象发展变化的逻辑顺序、各要素之间的依存关系和相互作用，在模型的辅助下，复制出真实事件、流程（过程）和环境。即，采用仿真模型（模拟器、模拟环境）来取代真实（原型）；这些模型被有目的的简化，并按照时间发展顺序，塑造出接近原型的基本特征和功能关系。

模拟教学就是结合专业背景与行业特色，给学生创设模拟仿真的工作场景，按实际的工作内容设计好目标任务，让学生模拟职业岗位角色，根据实际工作的操作程序和方法完成具体任务。学生在"模拟"的实战中，巩固并扩大专业知识，培养职业技能素质，学习和掌握职业必需的知识和技能。

模拟教学法与角色扮演法有很多相似之处，如它们都在模拟的场景中实施教学活动，角色扮演法有时也会用到模拟器、模拟道具（如仓储管理教学中使用假的产品包装箱等），模拟教学法有时也会为参与的学生分派角色，有对角色的"扮演"，如模拟生产线运作时，会扮演不同的工位。

不过因为教学目标的不同，这两种方法显然在设计和具体实施中还是有着明显的不同。如角色扮演强调工作岗位角色的在整个系统中的"地位"和"作用"，更多地通过关注角色之间的交互、交接、交流的接口来体验角色的内涵（也即工作岗位的内涵）。角色扮演法中"模拟"的是角色与角色，即人与人之间依存关系和相互作用。角色扮演法中情感目标是重要的，甚至可以说是首要的，如通过扮演顾客和服务人员，除了达到服务员岗位工作技能训练目标外，更有面对不同顾客时的情绪变化和工作态度处理的情感体验。

相对的，模拟教学法中"物"的成分更重一些，模拟系统组成要素中不以"人"为核心，或者说是不完全像角色扮演法那样围绕着工作岗位上的"人"来设计，学生有时会去"扮演"设备和机器，如在对生产线的模拟中，学生会扮演线上的某个关键装置。模拟的目的是观察系统中机器运行、设备运转、操作员等各要素之间的相互作用和工作流程，从中发现规律和问题，然后通过改变某个对象的工作参数来解决问题，或者通过提升操作员技能水平或改变操作方案来解决问题。

模拟教学大致可分为模拟设备教学与模拟情境教学两大类：

（1）模拟设备教学

主要靠模拟设备作为教学的支撑，其特点是不怕学生因操作失误而产生不良的后果，一旦失误可重新来，而且还可以进行单项技能训练，学生在模拟训练中能通过自身反馈感悟正确的要领并及时改正。

（2）模拟情境教学

主要根据专业学习要求，模拟一个社会场景，在这些场景中具有与实际相同的功能及工作过程，只是活动是模拟的。通过这种教学让学生在一个接近现实的社会环境氛围中对自己未来的职业岗位有一个比较具体的、综合性的全面理解，特别是针对本行业所特有的规律、规范，可以得到深化和强化，有利于学生职业素质的全面提高。在课堂上，教师位置由传统的主角、教学的组织者变为教学的引导者、学习辅导者和主持人角色，使学生在学习过程中不仅掌握了相应的知识和技能，而且各种行为能力亦可以得到充分的提高。在培养学生动手能力、适应社会能力、团队协作等方面具有很好的效果。

8.2 模拟教学法引例

【题目】 有多少部电话在等待？

【工作情境】

根据交换机的基本工作原理，两部电话之间要实现通话，需要交换机提供中继线，即交换资源。当两部电话之间需要接通时，由"话务员"为这一通电话临时分配"中继线"，接通电话。早期交换机如图 8.1 所示。虽然现代程控交换在技术上已经发生了巨大变化，以程控交换机自动处理取代了人工交换，规模大且速度快。不过，利用"中继资源"资源实现电话交换，这一交换原理的核心思想并没有改变。因此即使在现代交换技术背景下，通信技术专业从业人员仍有必要对这一问题有足够的认识。

图 8.1 早期交换机（话务员将中继线的两头分别插入通话的电话接口）

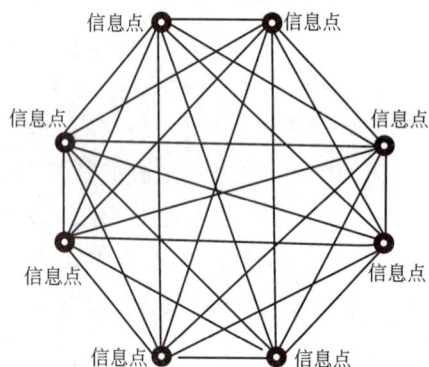

图 8.2 全联通的电话网示意图

如果交换机要做到任意两部电话之间随时都能接通，就得在任意两部电话之间建设中继线。那么 100 部电话，需要接近 10 000 条的中继线或类似的交换资源，如图 8.2 所示。

为节约成本，交换机只提供了少量的中继线，比如为 10 000 部电话，只提供 100 条中继线。因为在真实的工作场景中，虽然有 10 000 部电话，但同时处于接通状态的常少于 100 部。不过问题也来了，如果此时真的有第 101 部电话摘机拨号，它就需要等待，因为现在交换机没有空余的中继线来接通电话。交换原理如图 8.3 所示。

那么 100 条中继线是否合适呢，是需要再增加一些，以提高接通率和服务质量，或者可以节约点，再减少一些呢？这就要看是否经常有电话在等待接通、同时有多少部电话在等待、他

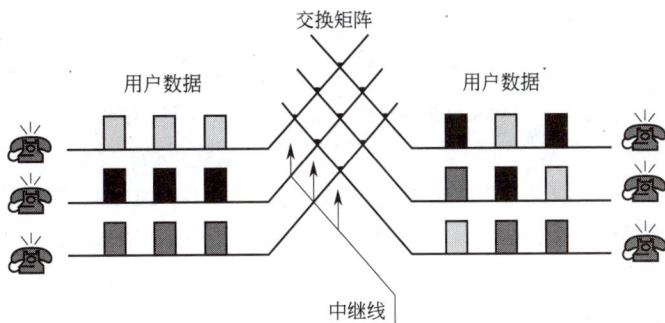

图 8.3　交换原理示意图

们一般等多长时间才能接通等等参数。因为这些参数直接影响到用户对电话系统服务质量的评价。

这就是话务理论尝试解决的问题。话务强度 Y 与用户呼叫次数 n、呼叫占用时间 h、观察时间 T 之间的关系,光是公式就够让人头痛了,理解公式的内涵更是教学的难点。

$$Y = \frac{\sum_i n_i h_i}{T}$$

$$Y = \frac{n \cdot h \cdot N}{T} = \left(\frac{n}{T}\right) \cdot h \cdot N$$

我们用观察——测试的行动导向方法来探寻下这个问题的真实内涵,并尝试得到 1 000 部电话,用 10 条中继线是否合适的结论。显然,电信公司是不会给我们提供 1 000 部电话来测试,我们也没那么多测试人员,那么试试用模拟法来解决这个问题吧。

特别说明

本问题来源于真实的工作场景,早期的电话交换机使用的中继资源真实可见,而现代程控交换机的中继资源则隐藏在内部,但是问题依然存在,而且问题的产生是诸多复杂因素,相互作用的结果。

我们选用模拟教学法,还有个原因,就是这个任务不便在真实场景操作。

【准备模拟器】

虽然模拟法建立的学习场景不是真实的场景,但需要尽量与真实场景接近,到现场观察并测量是十分必要的。而且到现场观察,也是学习者获得直观感受,提升解决问题兴趣的重要手段。程控交换机房现场如图 8.4 所示。

条件允许时,我们可以到电信局现场测量平均每秒有多少部电话尝试接通,一次通话一般的持续时间等实际参数。

图 8.4　程控交换机房现场

特别说明

> 实地观察有助于学生从实际生活经验模型中抽象建立起科学经验模型；通过模拟和分析，又将从科学经验模型中取得的经验迁移回实际生活经验模型，并在实际工作中发挥出指导作用。

我们用掷骰子的方法来模拟真实场景中各种重要的不确定因素，如各用户的通话需求、每通电话的通话时长等。因为，在真实的场景下，谁也无法预知用户什么时候想打一通电话，这一通电话将持续多少时间。

通过不断投掷骰子，模拟出各个时刻的用户通信状态，把这些状态记录下来，并进一步把交换机中继资源的使用情况也配合记录下来，这样利用骰子、记录纸和笔，我们就建立了起一个简易的交换机模拟器。模拟交换机记录表模板见表 8.1。

表 8.1　模拟交换机记录表模板

时间	用户到达数量	中继 0	中继 1	…	中继 9	用户等待数量
0						
1						

在使模拟器开始工作之前，我们还需要建立学习小组和进行分工。

我们这个"简易交换机模拟器"需要三个学生为一组，分工如下：学生甲模拟打电话的用户，每投掷一次骰子，其值表示下一个时隙内有多少个用户需要打电话；学生乙模拟交换系统里的中继线分配，当一条中继线在这个时隙内建立起来，就掷骰子，为这次通话设定"通话时长"，即从现在起到那个时刻，这条中继线将被占用；学生丙监督工作过程和统计等待的用户数量等。

特别说明

> "合理分工"在这个教学案例的实施中尤为突出。本任务模拟的用户和中继线数量大，不进行合理分工可能导致实施环节的混乱。不合理的分工举例如下：每部电话都用 1 个学生来模拟；为每一条中继线分配一个学生来管理等。单组人多了，每个人的任务少且过于单一，不是好的方法。另外，如果只让学生模拟用户达到事件，而每部电话都用相同的平均时长，可以减轻模拟难度，并减少一个分工，但与"每通电话持续时间不同"的真实场景不吻合，同样不是好的策略。

【实施模拟】

投掷骰子的模拟过程做多了就比较枯燥，使这个枯燥的工作真正具有意义的是记录，以备接下来的统计和分析。

记录表格可按表 8.2 设计。

学生甲在时隙 0 投掷骰子，得到数据 2，即用户到达 2 个。学生乙发现当前中继线都空着，就将前两个分给用户使用，并投掷骰子，分别得到两个用户的通信时长为 4 个时隙和 2 个时隙。乙在中继 0 记录 0+4＝4，表示时隙 4 时，中继 0 得到释放。乙在中继 1 记录 0+2＝2，表示时隙 2 时，中继 1 得到释放。学生丙记录，没有用户等待。

表 8.2　模拟交换系统记录表

时间	用户到达数量	中继 0	中继 1	…	中继 9	用户等待数量
0	2	0＋4＝4	0＋2＝2		0	0
1	9	—	—		1＋1＝2	1
2	3	—	2＋1＝3		2＋9＝11	2
3	0	—	3＋3＝6		—	0
4	1	4＋2＝6	—		—	0
⋮	⋮	⋮		…	⋮	⋮

时隙 1，用户到达 9 个；正在用的中继线没有释放，学生乙将剩下的 8 个全部分给用户，并获得通信时长；学生丙记录还有一个用户在等待。

时隙 2，用户到达 3 个。学生乙发现有两条中继线释放——中继 1 和中继 9。学生丙发现由于系统中还有个等待的用户，所以新来的用户中有两个需要等待。

……

建议在完成 40 个时隙以上的推导后，三个学生交换岗位，继续模拟。

特别说明

模拟法的一个特征是随着时间的推移，各场景的参与者和参数也在发生变化。观察这些变化，详细、正确的数据记录是进行场景再现和数据分析的基础。

为了得到逼近正确的结论，模拟时间长度要足够，取得的样本值要足够。走马观花式，不能达到模拟法真正想要取得的效果。

随着时间的推移，学生忠实记录和计算各种变化。本例的中继线数量较多，计算比较繁琐，教师应提醒学生耐心细致。为了保障模拟的顺利进行，可再增加一个分工，多用一个学生来监督表格中的数据是否填错。一旦有一个格子填错，整个模拟结果就会出现偏差。

【数据分析和结论】

经过至少半小时的模拟后，教师要求学生开始对记录的数据用图表等形式进行统计分析。观察随时间变化的发展用户等待数量等参数的变化趋势，如图 8.5 所示。通过这些曲线，分析等最终的结论：如何评价这个系统的通信服务质量，10 条中继线究竟是否够用？

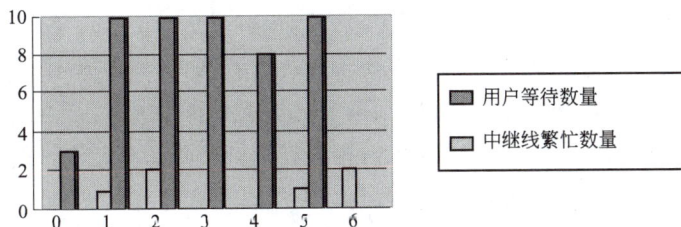

图 8.5　模拟交换系统数据统计图

特别说明

模拟法过程中，参与者为保证不要出错，往往只注意了自己负责的那部分工作。因此，在模拟完成后，进行数据总结和分析，特别是画出适当的数据统计图表来反映整个模拟过程中，究竟发生了什么，各参量之间相互影响的情形是怎样的，可以帮助学习者建立良好的全局观念。

模拟法不仅仅是要取得一个结果，让参与者感受运作过程和相互影响，以获得经验，处理突发事件，也是非常重要的。

本例中可供观察的参量是比较多的，比如还可以把等待用户数量与当前需要通话的用户数量比较，就可以得到系统的抗压力能力。

如果要观察用户等待时间长度，需要在统计表的数据基础上完成进一步的计算。所以统计表是取得成果的重要保障，一定不能有错。

【评价】

模拟交换系统任务评价表见表8.3。

表8.3 模拟交换系统任务评价表

评 价 项 目	成功之处	不足之处
模拟模型的设计： 与真实场景的契合程度 可操作性		
模拟过程： 数据记录详细程度 表现出的耐心和观察力		
模拟结果： 支持结论的数据是否充分 结论的可信度		
通过模拟对真实工作场景建立的主要 认知内容和认知程度		

特别说明

模拟法中的场景和方法简单的可以在纸上作业，软件仿真和半实物仿真的效果更好，只是要视教学成本和准备情况而定。

灵活运用骰子，可以很好地模仿随机事件，增加模拟场景与实际场景之间的契合度。适当的分工也是必须的，正确的分工可以使学生分角色，通过不同角度各自感受工作场景中各要素的运作机制，并保证模拟工作的实施能够有序完成。在模拟过程中忠实、翔实地记录数据，不仅是后期进行数据分析的基础，记录过程中，学生也在不断体验模拟对象的工作过程。利用图表统计和分析数据是工程人员必须具备的工程素养，也是进行反思的重要基础，在教学过程中应给予足够的重视和向学生提供帮助。

【反思】

(1)如果减少中继线的数量为5,同样的用户到达场景下,我们将取得怎样的结果?

(2)如果增加中继线的数量为15,同样的用户到达场景下,我们将取得怎样的结果?

(3)请尝试再举出一个能利用这个模拟模型的工作场景。

8.3   模拟教学法应用分析

上节的引例是个比较典型的模拟教学法应用案例。通过上例的分析,我们可以看出模拟教学法围绕着教学内容,设置特定的教学环境和条件——模拟器,来弥补客观条件的不足,为学生提供近似真实的训练环境,提高学生职业技能。模拟教学法通过实施周密的过程控制以达到教学目的,将现实工作的行为流程和行为标准或规范融入到模拟体系中,将工作活动相关环节再现于课堂教学,包括了多维的能力要求和行为取向。

8.3.1   模 拟 器

模拟法的关键是模拟器的设计和使用。在模拟法中常用的模拟器可以是以下两种类型:

1. 真实的、物质的功能模型

与原型一致的,例如按1∶1比例的制作的基站系统、传输系统,电源系统等由通信设备及线路构成的模拟器;或者是缩小版的仿真模型,例如,通信系统整体模型、区域交换网络模型,桌面型的小型交换机实验箱等。

2. 抽象的功能模型

(1)纸/笔模型,如上节引例中的模拟器,就是纸笔模型。

(2)软件模型,如传输网管模拟系统、移动无线网配置仿真软件、虚拟现实的工作环境等。

通过模拟器,既可以将过程、时间连续或者分阶段、分步骤模拟,也可以按照实际工作过程的速度,加快(抓快)或者变慢(采用慢镜头)。时间的控制可以由学生独立手动(逐步进行)或者模拟器自动(按照输入的数据)来进行。

8.3.2   模拟教学法的意义

使用模拟法,学生面对着一个贴近实际情况、动态变化的问题,能够积极主动,自己组织安排以下行为:

(1)掌握并训练技能。

(2)尝试应用知识,做出决策,解决问题。

(3)在时间压力下进行工作。

(4)搜集经验以及有目标地进行实验。

在模拟法的帮助下,单个的学生或者学生小组可以独立处理个性化的学习问题,并且要求学生始终有系统化的操作方法。

教学过程中,教师把重心工作放在学员在模拟条件下的操作和讨论上,组织引导学员自主学习、独立操作和独立思维,使学员成为学习的主角,教师是导演。同时教师巡视解答学员讨论中提出的各种问题。最终在教师的引导下,归纳总结上升到对理论和实际的结合,从而实现教学目的。

8.3.3 模拟教学法的适用范围及对象

模拟教学法的应用范围非常广泛,适用于理论讲解比较抽象、实践动手能力要求较高的学科或章节,教师在教学过程中实施模拟教学法能使学生在接近真实的操作环境下熟悉实际工作中的相关操作及思维方式。

对于通信技术类课程中一些要求掌握实际操作的章节,比如移动通信系统中对系统的配置操作,受投资成本、使用损耗等的影响,可以适当引入模拟教学法,建设模拟的配置软硬件平台,学生上机操作训练达到掌握的目的。另外,像天馈系统的内容可以考虑建设模拟实验、实训场地,学生在接近真实的设备及环境下训练维护中的各种技能,均能应用模拟教学法以取得优于常规教学法的效果。

在行动导向的指引下,教师教学时引入模拟教学法往往会起到事半功倍的效果。模拟教学中需达到的效果应与企业工作中所面临的问题存在确切的联系。相对于其他教学法,模拟教学法将课堂教学与企业需求联系起来,因而具有实践性强、学生动手能力提升快的特点,最终目标是:培养学生独立、富有责任意识解决实践问题的能力;传授专业知识、发展专业特定能力;解决学生在复杂理论到实际应用转化过程中存在的困难。

中等职业学校的通信技术专业教学中模拟教学法适用于各年级学生。目前学生初中毕业直接进入职业学校,由于之前一直接受传统教学和学习方法,习惯于以教师为主导、以知识体系为核心的课堂教学,这种实践动手能力要求比较高的教学方法,教师应先以教学目标为导向,建立合适的教学过程,在为低年级学生打好理论知识基础后,再在中、高年级中开展模拟教学。如需在低年级学生中开展模拟教学,教师在使用模拟教学法中应加强对学生的指导。

8.3.4 模拟教学法设计的基本思路及实施流程

模拟教学法的设计及实施应从两个方面考虑:一是教师的准备、实施、评估反馈;二是学生的准备、实施与结果汇报。两方面的三个阶段交错进行,各阶段根据具体情况还可以细分为更小的步骤,例如教师准备阶段又可以细分为目标确认、模拟条件准备、学习材料准备等。整个实施过程的先后顺序可参考模拟教学实施指导图(如图8.6所示)。

1. 教师工作方面

(1)教师准备

①确定学习学习领域和目标:确认学生需要学习的技能领域及通过学习后应达到的效果。

②设计问题的情景:在此阶段应针对学习目标尽量贴近真实环境设计学习的场景,场景设计时应注意结合实践工作任务及要求。

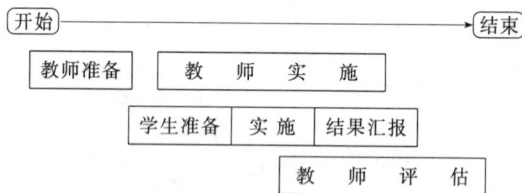

图 8.6 模拟教学法实施指导图

③确定知识、技能目标:知识点、技能点的确定应结合现代通信技术的发展、通信运营公司的网络发展及网络运营工作要求细致分析确定。

④准备学习用品:模拟教学需要的学习用品主要包括模拟器、学习材料等。其中,学习材料部分应包括任务目标描述、操作实施指导、效果评估标准和方法(学生自检)等内容。

(2)教师实施

①评估学生准备知识:主要是检查、评估是否具备完成后续操作的理论知识基础。

②指导学生完成操作：可采用现场演示、要点提示等方法。

③问题解答：对学生提出的问题或疑惑给予及时的回答。

④观察工作进程：观察实施过程中的操作细节、存在问题等，并做好记录。

（3）教师评估

①成果评价：可从结果与预期目标间的偏差，不同小组的操作结果差异两个方面完成评价，并辅助教师向学生提问或组织其他模拟小组的同学进行提问等方式对照预期目标做出全面判断。

②结果反馈：对程序和工作方法，结论与目标差距两方面完成结果反馈工作。评价收集到的信息，对结果进行提取总结得出结论，并将结果存档、汇报结果。

2. 学生完成方面

（1）学生准备

①目标确认：确认本次模拟实施预期达到的目标及检查要点。

②准备知识自查：根据教师提供的学习材料的准备知识自查部分检查并补齐前期学习中的知识缺陷。

（2）学生执行

①初始条件的设置：包括将模拟器恢复初始状态、设置初始参数等。

②模拟操作实施：开始，观察并结束模拟运行；执行必要的行动，作决策；保存模拟结果和模拟过程的相关信息。

（3）结果汇报

①提交模拟实施、运行最终结果，如有中间结果同时提交中间结果留下的记录或存档。

②比对预期结果与实际结果检查实施过程中的疏漏。

③提交结论报告。

8.3.5　模拟教学法优缺点分析

模拟教学法的优势在于可以模仿复制出危险昂贵复杂的情景，来达到学习、测试和实验的目的，避免学生因操作失误而产生不良的后果，同时还可以进行单项技能训练。学生可以通过观察和实验来加深对通信系统和加工过程中复杂的相互作用的理解；学员和教师能够对所做决定和操作的功效进行检查和反馈。

但模拟教学法也存在投入成本高、教师对学生执行过程控制困难，结论与真实之间存在误差等问题，需要教师在实施过程中周密考虑以减小这些因素对教学效果的负面影响。

8.4　通信技术专业模拟教学法应用一

【题目】　数字程控交换机的时间接线器是怎样工作的？

【问题描述】

数字程控交换机的核心组成部分为交换网络，其将不同线路、不同时隙的信息进行交换，也就是对这些位于不同时间、不同空间的的信号进行搬移，如图 8.7 所示。

程控交换机的交换网络可分为时分交换、空分交换及混合型交换等类型。时分交换又称为 T 形接线器（简称 T 接线器），完成同一中继线上不同时隙之间的交换。

T 接线器由话音存储器和控制存储器构成。交换机根据控制程序，按照控制存储器的记录内容，将输入母线上各时隙话音信号，交换到输出母线的不同时隙中。

图 8.7　数字交换机原理示意图

实施本单元教学任务受到"数字信号"、"时隙"等概念过于抽象的影响,学生不容易建立正确认知模型。利用"程控交换实验箱"虽然可以给学生以直观感受,观察到信号输入和输出的实际效果,但是其内部工作原理,特别是程序控制过程并不能被"解剖"出来,让学生体验。

因此我们采用模拟教学法设计本单元的教学活动,通过让学生模拟 T 接线器,参与到控制过程中去,实地动手操作,以获取直接的经验和体会。

【准备模拟器】

T 接线器的话音存储器用于存储输入母线(复用线)上各话路时隙的数字话音信号;控制存储器用于控制话音存取器内各单元内容的写入或读出顺序,其存储的内容是话音存储器的地址。根据控制存储器的控制方式不同,T 接线器又分为"顺序写入、控制读出(又称输出控制)"和"控制写入、顺序读出(又称输入控制)"两种类型,如图 8.8 所示。

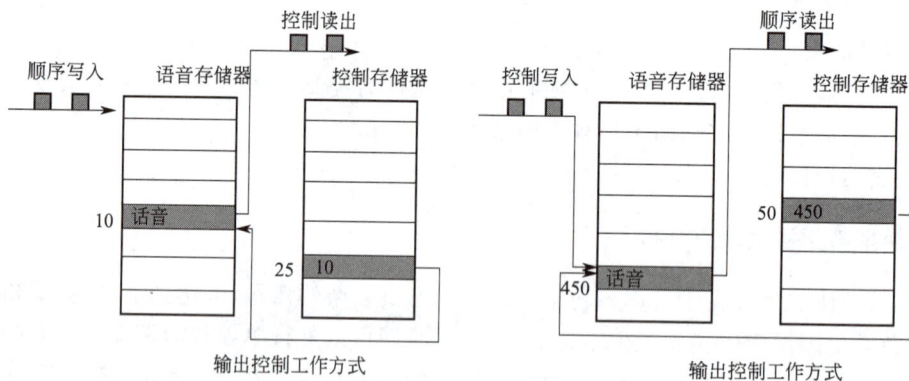

图 8.8　T 接线器的两种工作方式

(1)顺序写入控制读出

输入母线上的各话路语音信号按照从小到大的顺序依次存放在话音存储器中。如 10 号时隙的话音信号就存放在 10 号存储单元内。

控制存储器内存放的内容是输出母线上对应编号的时隙应取出的话音存储器的地址。如 25 号单元的值为 10,表示在输出母线输出到第 25 号时隙时,取出话音存储器的第 10 号单元内容。

这样就实现了输入的 10 号时隙交换到输出的 25 号时隙。

(2)控制写入顺序读出

这种方式下,控制存储器中存放的内容是输入母线上对应编号的时隙信号应存放的话音存储器的地址,实现对输入的控制。如控制存储器第 50 号单元的值为 450,表示输入母线的第 450 号时隙话音信号应存放在话音存储器的第 50 号单元。

输出时,按照从小到大的顺序依次从话音存储器中读出数据。如输出到第 450 号时隙时就去读出话音存储器中第 450 号单元的信号。

这样就实现了输入的第 50 号时隙交换到输出的第 450 号时隙。

　　根据以上原理,我们分为三个部分来组成 T 接线器的模拟系统:输入的"多路复用器",T 接线器和输出的"分发"器。

　　(1)多路复用器和分发器的模拟

　　"多路复用器"将多路用户信号通过数字技术合成到一路母线中,其基本思想就是在母线上把时隙划分得更小,每个小的时隙中仍然装入用户话路一个时隙的话音数据,这样在母线上与用户线路相同大小的时隙时间内,就能传输多路用户的话音数据。

　　"分发器"是用与复用器相反的方法,将母线上复用在一个时隙内的多路用户信号还原到各自的用户线路上。复用器和分发器的概念模型如图 8.9 所示。

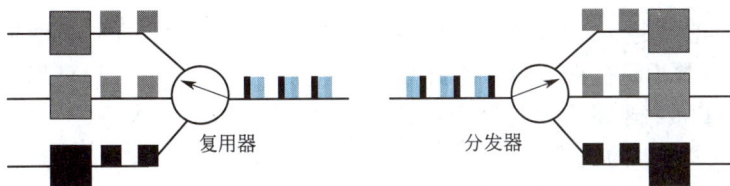

图 8.9　复用器和分发器的概念模型

　　我们可以用两个带指针的"转盘"模拟复用器和分发器。在模拟过程中,每经过一个母线时隙就拨动转盘指针一格,取出对应号码的用户线路数据,放在母线上。转盘转一圈,就依次取出了各用户线路上一个用户时隙的数据。在图 8.10 中,模拟了 8 路用户复用,用户时隙是母线时隙的八倍。

　　接着,用带有格子的小卡片模拟用户线路和母线及线路上的数据,配合上转盘,就构成了"多路复用器"的模拟器,如图 8.11 所示。

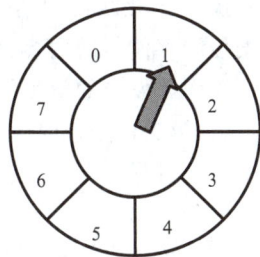

图 8.10　用转盘模拟复用器

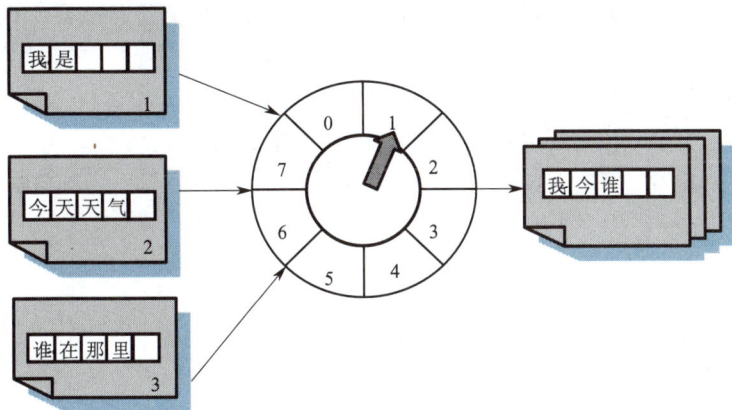

图 8.11　用户线路及多路复用器模拟

　　用带格子的小卡片模拟用户数据,我们可以使本次教学任务更真实有趣。在模拟开始之前,让学生准备好各路用户信息,即每个用户一句话,卡片上每个格子中存放一个字,模拟一个用户时隙内的数据。经过复用器的复用、T 接线器交换、分发器的分发,试试我们能不能按照 T 接线器的工作原理,将用户数据交换到指定的用户线路上。

（2）T 接线器的模拟

用两种带编号格子的小卡片分别模拟话音存储器和控制存储器，如图 8.12 所示。

在控制存储器中填入交换时隙地址，在话音存储器中填入用户数据。按时隙的推进，不断填入和取出用户数据，这个 T 接线器模拟系统就开始在学生的操作下运作起来。

将学生分为三人一组，一位同学操作多路复用器，一位操作 T 接线器，第三位操作分发器。

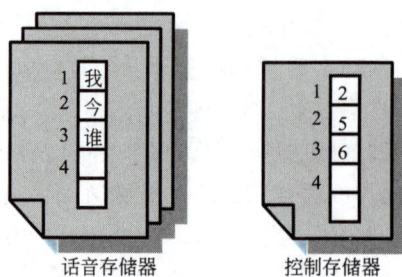

图 8.12　T 接线器模拟

【实施模拟】

首先，小组讨论商定本次操作使用的 T 接线器类型，然后由一位同学做出本次交换任务中输入的每路用户数据将被交换到哪条输出线路的决策，这个决策过程可以用掷骰子的方式辅助完成。操作 T 接线器的学生将这个决定正确记录在控制存储器中。

（1）第一个用户时隙的交换

操作多路复用器的学生将准备好的用户数据线上第一个时隙数据逐个"复用"到输入母线上，交给 T 接线器。

操作 T 接线器的学生根据交换器类型，将母线上的数据正确填写到话音存储器中，接着根据控制存储器的内容，将话音存储器中的数据取出，放到输出母线上，交给分发器。

操作分发器的学生将输出母线上的数据逐个还原到相应用户线路的第一个时隙中。

（2）第二个用户时隙的交换

交换过程同上，只是这一次交换的是用户线路的第二个时隙。

……

不断推进模拟器，完成所有用户数据的交换。此后，小组成员交换工作岗位，再做。

【数据分析和结论】

模拟完成后，教师组织学生对模拟过程中记录的数据，即模拟过程中学生填写的各张卡片进行分析。得出是否正确完成交换任务的结论，分析错误原因和总结 T 接线器工作原理和过程。

【评价】

T 接线器模拟任务评价见表 8.4。

表 8.4　T 接线器模拟任务评价表

评 价 项 目	成功之处	不足之处
模拟模型的设计： 与真实场景的契合程度 可操作性		
模拟过程： 数据记录详细程度 表现出的耐心和观察力		
模拟结果 支持结论的数据是否充分 结论的可信度		
通过模拟对真实工作场景建立的主要认知内容和认知程度		

8.5　通信技术专业模拟教学法应用二

在《移动通信技术》课程教学中也可根据教学的需要应用模拟教学法。例如在移动通信基站维护的一个项目"天馈系统维护"的教学中如何运用模拟教学法呢?

天馈系统一般设置在屋顶平台或铁塔上,通常情况学生的专业学习中不容易见到天馈系统。若仅靠教师抽象的理论讲解和图片讲解不能使学生掌握天馈系统的实际结构、每部分的功能和连接情况、防雷接地等具体内容,也不能从真正的维护人员的角度来进行知识的理解和操作部分的消化。同时在企业的生产现场虽然可以让同学们参观天馈系统,但是由于是运行设备,不允许对其进行测试、维护等操作。因此可以采用模拟教学法,模拟的角度分为两个方向,一个是模拟现场的环境,另外一个是模拟维护人员的角色。

【准备阶段】

准备的部分包括以下几个方面:

(1)天馈系统结构基础知识。

(2)天馈系统日常维护的具体项目与流程。

(3)维护人员的职责细节。

(4)作业安全与防护。

通过以上几个方面的准备,我们就为模拟维护人员的角色打下了基础知识,在现场可直接进行相应的模拟和讨论。

【实施阶段】

采用分组实施的办法。每个小组适宜3~5人。其中1人记录,1~2人进行天馈系统的目测检查,另外1~2人进行天馈系统的测量。目测检查和仪器测量的项目我们可以在配套的技术专业教材中查询到。从机房处开始,沿二分之一机顶软跳线、八分之七主馈线和二分之一塔顶跳线、天线的顺序进行检查。

由于牵涉屋顶或铁塔作业,模拟了实际的电信运营商的无线基站场景,所以必须特别强调作业安全,强调人身安全和网络、设备安全等。

每一项进行仔细检查后由记录人员填写到对应设置的维护表格当中。

实施阶段可以现场进行提问,或者发起讨论,利用模拟的场景和模拟的角色,启发大家对天馈系统维护的含义的认识和对维护人员角色与职责的体会与把握,并灌输作业安全意识。

【总结阶段】

全班同学在教室中同时进行,教师事先设置好本次天馈系统维护中大家表现比较好的地方,重点提出大家在模拟过程中的疑问和差错之处进行集体讨论,引发学生对天馈系统维护的工作进行深入的讨论,条件许可的话可邀请企业中实际的维护人员一起参与讨论,提高学生的兴趣。

特别说明

本例是对实际工作场景进行模拟,达到技能训练目的的模拟教学法案例。案例中设计有模拟场景、训练时间要求和随时间变化各分工岗位工作任务的变化等。

在本案例的实施中,还有是对实际工作多个岗位的模拟,这种对学生进行分工的做法有些类似角色扮演。不过本例的重点是技能训练,体验角色定位和角色间的交互接口是教学目标之一,但不是本任务首要的教学目标。通信技术专业是工程技术类专业,角色扮演法往往是配合其他主要教学方法而用之。

8.6　小结和作业

模拟法的特点是按照时序,在模型的辅助下,按照事情发展的逻辑顺序、依存关系和相互作用来"复制"真实的事件和流程,例如应用案例中的话务量随时间的变化、施工工作随时间推移等。

模拟法采用仿真模型——模拟器,来取代真实原型,可以模仿复制出危险、昂贵或复杂的情景,来达到学习、测试和训练的目的。可以组织安排个人独立工作或团队合作,通过观察和实验来加深对推动系统变化和施工过程中出现的多种因素之间复杂的相互作用的理解。

模拟法可以检测个人能力和技能,实现个人探究性的学习,如话务量的案例,探究有效提高话务服务质量并节省成本的方法,其影响会是十分开放的。

一个模拟器可用于多种不同的学习目标和问题情境,模拟实验/实训室就是多目标、多情境混合的场景。这也提醒我们的教师在具体教学活动中,要注意突出首要学习目标。

模拟教学法,要求必须应用仿真模型(模拟器),并且该设备可供教学使用。"能否被教学使用",是目前不少"全真工作场景"类型实训室存在的问题。实训室在建设时,尽量使用了真实的设备,力图打造"全真"的实训场景,这样做是符合职业教育教学原则的,但相应存在的问题是,要么这些设备过于复杂,教师无法掌握和应用;要么就过于"傻瓜",达不到以训练提升思维的目标。因此"全真"的实训室也应具备一些特定的观察、测试接口,具有二次开发能力,能够注入或修改策略。如安装有程控交换机的实验室,应尽量多地提供测试点,让学生观察和测试;尽量开放系统管理接口,让学生进行实验;尽量提供控制策略、业务应用的二次开发接口,让学生去突破和发挥。

模拟器的研发与制造成本很高,需要时间和资源。学校不一定要与设备制造商合作,可以选择提供专门的实训用教学设备和教育解决方案的企业合作,以减低研发成本。

另一方面,专业教师也应多研究如何更好、更适当地制作和利用简单模拟器,如纸笔模型,达到模拟教学的目标。这样,既引入了行动导向的教学方式,又节约了成本。

请拟定一个专业题目,设计一个简单的模拟器,或利用本校已有的实验的场景,设计模拟教学教案,完成一个模拟教学法在通信技术专业应用任务。

(1)你选择的专业教学法应用题目是＿＿＿＿＿＿＿＿＿＿＿＿,选择这个题目的原因?

(2)请介绍你设计的模拟器的工作原理。(或请介绍你设计的模拟实验环境需要如何建设)

(3)模拟过程如何实施,如何体现随时间推进,模拟对象发展的逻辑顺序、依存关系和相互作用。

(4)完成本专业教学法示范课。

(5)请总结本次教案设计和示范课的得失。

9 通信技术专业考察教学法

9.1 考察教学方法概述

考察法是教师组织学生围绕教学目标,到现实中去实地观察或调查研究的一种教学方法。它一般是由教师组织学生进行现场考察,然后取样分析、共同研究,最后做出结论,从而培养学生通过考察获取资料的能力和实事求是的科学态度;同时还使学生受到爱科学、爱大自然和热爱社会主义祖国的思想熏陶。值得注意的是,这是一种由教师和学生共同参与的教学方法,这种教学方法的中心是学生独立搜集和整理各种来源的信息。考察法的重点在于教师提供咨询和支持,而具体执行步骤由学生自己设计、实施、检查和反馈。

考察法意味着在学生实践中现场对事实情况、经验和行为方式进行有计划的研究。它有助于培养学生走近现实、在独立组织的学习过程中提高认识、理解现实的能力。

考察法可用于项目教学方法中,作为项目教学信息收集阶段获取重要辅助决策信息的手段,如产品研发项目前期的市场调研。考察范围、目标、主题和考察主要方面以及考察执行步骤均由学生自己设计、实施、检查和评价。教师在整个过程中提供咨询和支持。

9.2 考察法分析

9.2.1 意 义

(1)考察法有助于培养学生走进现实、在独立组织的学习过程中认识理解现实的能力。

(2)考察法有助于促进学生自主学习、好奇心、责任心和有计划行为发生的建立。

(3)考察法有助于促进学生的社会能力、交流能力和团队工作能力。

(4)考察法能够促进学生开发新环境和新任务的能力,通过个人体验来提高学习效果。

9.2.2 特 征

1. 发现性学习

学习者通过考察法可以独立了解客观现实,并在已有知识和经验基础上获取新知识。企业顶岗实习就是要求学生进入企业进行顶岗工作,并在企业实际生产工作中应用已学知识,获得工作体验、获得新知识、新技能和新经验。从学习特点来看,两者是契合的。

2. 学习的主观导向

学习者在学习过程中始终保持着主导作用,他需要独立地对整个考察活动进行深入思考精心计划、实施和评价。学习的成功与否(或学习的收获)完全取决于其个人,而不是别人。企业顶岗实习也始终以学生为主体,学生在实习过程中所取得的成绩与收获也完全取决于学生本人,为了取得所期待的成绩与收获,学生必须对自己的实习活动进行有效的计划、实施和评价。从学习的主观导向特点来看,两者是契合的。

3. 社会性学习

在考察的各个环节中,学习者必须与他人进行合作。在学校进行准备和计划时,学生之间要沟通和交流各自意见,每个人要确定自己的实施及评价任务。在考察过程中,学生需要与企业的管理人员和操作人员进行面对面交流并对所获得的信息做出评判。最后需要进行小组答辩,学生展示评价自己的实习成绩与收获。企业顶岗实习的社会性学习形式是学生个性与社会能力得到发展的重要前提,是学生进入社会的连接点,也是学生进入社会前较好的缓冲期。从社会性学习的角度来看,两者是契合的。

4. 方法学习和过程导向

考察活动其实是在正确方法指导下的学习过程,由于通过考察活动所获取的知识属于经验性、间接性的知识,与考察活动本身密切相关,通常需要通过认知活动才能掌握,所以学习者在学习过程中应具有方法能力,并在学习中继续强化和补充方法能力。在企业顶岗实习期间,学生正是通过企业的实际生产活动学习在学校无法学到的生产活动经验知识、生产操作规范、操作标准等隐性知识,而每个学生在学习期间获得的知识量则与学生的学习方法相关。精心策划、带着问题学习,有技巧地学习才能更有收获。从这个角度来讲考察法和顶岗实习是契合的。

5. 行动导向

考察活动是以行动过程为导向的,是基于学生主动学习的基础之上的。其实施步骤有着行动的系统性,它体现了手脑并用的特点,需要学习者具有精神和思想准备、富有创造性的行动并要呈现考察结果。企业顶岗实习的实质也是以行动为导向的,是学生亲身经历并亲自动手参加生产加工完整的工作过程,并且要求在实习结束时提交实习报告。

6. 跨学科多领域学习

考察法展现的不是某一学科的内在逻辑体系,而是现实状况与过程之间的关系。因此,通过考察来进行的学习打破了教学领域间的界限,它同时涉及技术、社会、经济等多个方面学习内容。考察法具有跨学科的特点,因而体现了跨学科的学习理念。学生在企业顶岗实习期间的工作同样涉及通信产品生产加工技术、计算机信息技术、机电控制技术、质量控制、成本控制等学科和领域,要求学生在实习期间将多学科、多领域知识有效地应用于企业实际工作过程中,从中学习体会知识的应用。

9.2.3 开展考察教学法的注意事项

虽然这种教学方法从考察范围、目标到实施步骤,学生处于主体地位,但是教师却也处于关键位置,应该做好以下四个方面的工作:

(1)充分发挥教师的主导地位和学生的主体地位。

(2)教师应该事先要做好准备充分,做好详细的计划工作,引导学生商定出考察活动的主题,在充分发挥教师的主导作用的同时体现学生的主体作用。在教学过程中,教师所表现出的一系列情感心理变化对学生也起着举足轻重的作用。教师热情、和蔼诚挚并给予积极地鼓励,能激发学生积极的情感兴趣,是教师对学生的一种正常信息反馈过程,也是提高学生积极性和学习兴趣的动力。

(3)教师要注意观察学生的动向,并做好记录。

(4)教师要去主动了解学生,多注意观察学生的活动进展、遇到的问题,积极给予支持,同时做好记录。这就需要教师能够深刻而全面地掌握自己所教的科目,具有渊博的科学知识和广泛的才能,从而在必要时给予引导。

9.3 考察教学法的适用对象

(1)考察教学法首先适用于考察企业工作条件和制造流程,如通信运营企业的维护工作条件和流程,通信工程建设企业中,通信工程施工工作条件和施工流程。

(2)考察法对特定机器、材料、方法、程序和规章的应用方面,可以考察完成过程任务过程中要的专业知识和能力,如通信运营企业中,维护交换机、基站等大型设备工作的所需的知识和技能。

(3)此外,考察法可以适用于考察公司组织结构和员工协同工作情况、业务流程等。

9.4 考察教学法的实施

9.4.1 一般步骤

考察教学法的实施步骤一般分为:准备、计划、执行、评价/汇报和反馈五个步骤,如图9.1所示。

1. 准备

在准备阶段,教师与学生共同商定考察主题和考察范围,即学生通过考察所要了解认识的实际技术领域和方面。学生可能会因为没有经验而拟定过大的主题,或可行性不强的主题,需要教师依据经验给出建议,进行调整。

学生在准备阶段需要独立完成以下内容:

(1)拟定考察目标和考察任务。

(2)与相关负责人员建立联系,如企业负责培训的负责人或联系人等。

(3)预估考察日期和考察所需时间。

(4)预计可能还需要哪些技术和组织方面的帮助,如技术顾问,人事部门协助等。

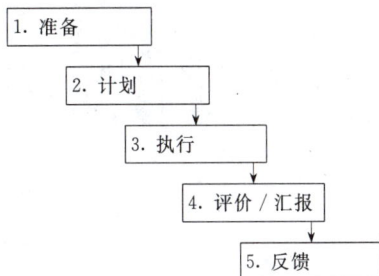

图 9.1 考察教学法的实施步骤

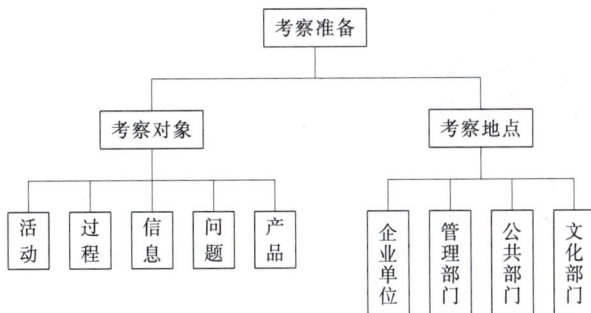

图 9.2 考察教学法的准备阶段

根据国情,考察法的考察地点选择上可采用学校组织推荐和学生自找单位两种方式,这也是当前职业学校与企业联系参观和顶岗实习的主要方式:

(1)学校组织推荐。这是当前职业学校学生顶岗实习的主渠道,也是考察法将采用的主要方式。主要包括:①学校通过校企合作、订单式培养等方式与相关单位联合办学,使学生进入合作企业参加顶岗实习;②企业通过招工与接纳实习生相结合的方式。使学生进入相关企业参加顶岗实习;③学校相关部门的教师利用私人渠道安排学生进入相关企业参加顶岗实习。

（2）学生自找单位。这是当前职业学校学生顶岗实习的补充渠道。学生之所以自找单位而放弃学校推荐,主要有三方面原因:①对学校推荐的实习岗位不满意;②个人拥有本专业未来就业的背景资源而主动放弃;③极少数学生因个体因素无法从学校多次提供的实习机会中获得合适的实习企业。学生自找单位主要是通过家人和亲戚介绍、劳动中介组织、学生自己联系等形式进行。

2. 计划

计划阶段的主要工作是分工和准备考察表,考察记录报告模板等。

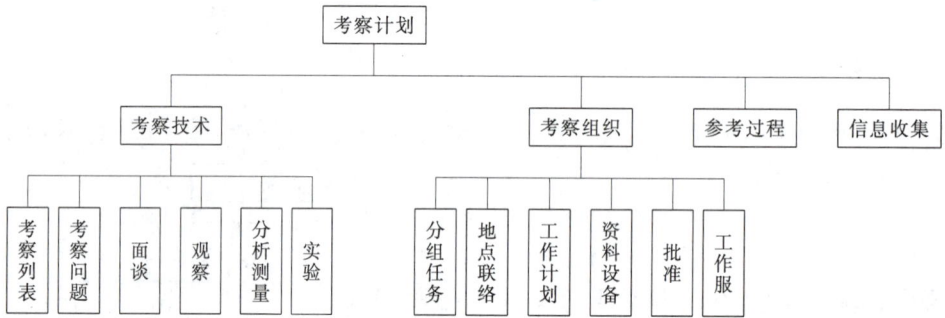

图 9.3　考察教学法的工作计划内容

（1）较大型的考察任务可能还需要多个分工不同的考察小组配合,所以首先要确定小组间各自的考察任务。

（2）拟定考察流程和确定考察对象,并与教师商定。同样,在这个环节教师应尽量多给学生以适当帮助,避免因学生经验不足,导致考察计划执行时的低效或失败。毕竟,考察教学不仅仅影响教师和学生,还有企业的配合,不能因为失败而影响了合作方的积极性。

（3）小组内分配考察任务,主要根据考察对象而定。

（4）考察地点信息搜集,如位置图等。避免出现一大群学生因迷路而在企业里游荡的想象。

（5）材料准备,包括问卷表、考察内容核查表、记录报告模板等。

（6）小组讨论考察计划,教师参与。

表 9.1　考察计划表

时 间 点	考察对象	地 点	持续时间	行动方式

3. 执行

（1）到达考察现场后,先与企业方进行考察工作的协商和协调工作。当然之前应该与企业联系人沟通过本次考察的基本情况,并取得了对方许可和支持。

（2）根据考察任务,各小组开始独立工作,完成调查、访问、观察、记录等工作。记录可以采用草图、照片、拍摄视频、报告笔记等形式。

（3）考察结束后,应立即进行一次讨论,研讨本次组织工作得失,如果需要继续考察的,则应根据讨论结果调整进一步工作计划。

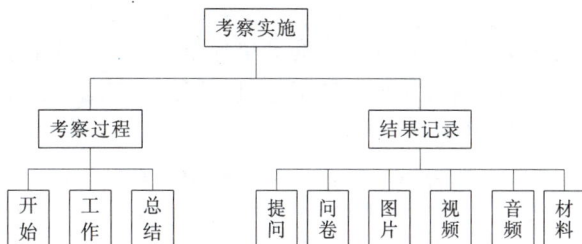

图 9.4　考察教学法的实施过程

4. 评价/汇报

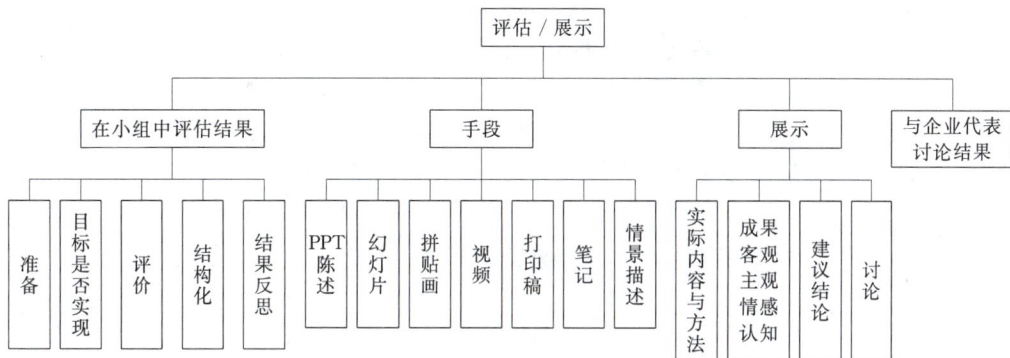

图 9.5　考察教学法的评估/展示过程

（1）整个考察工作结束后,先在小组中交流感受和成果,就考察行动步骤和方法方面的经验进行讨论。

（2）对考察成果进行讨论和总结,形成考察报告。

（3）以小组方式汇报考察成果,教师评讲。

5. 反馈

教师除了鼓励和组织学生对考察活动和成果进行反思,形成反思报告外,还可以用以下引导问题来引导学生进行反思：

（1）哪些方面还可以进一步改进提高？

（2）时间计划安排可行吗？

（3）还有哪些问题？

（4）考察评价中有进一步改善的建议吗？

（5）与企业代表就考察成果的讨论有收获吗？

9.4.2　实施的注意事项

（1）做好考察前的准备。首先,教师应该让学生明确考察目的和方法。学生对实地考察是有浓厚兴趣的,但要完成考察任务,还必须让学生按考察的任务和要求去进行,否则也不会收到好的效果。在考察前教师对学生进行考察方法的指导也是必不可少的,如教师要让学生明确带着哪些问题去考察；为解决这些问题,必须收集哪些资料；用什么方法收集资料等等,这样就有利于学生顺利地完成考察任务。其次,选好考察点和考察的组织准备。考察点的选择,必须有利于学生对相关资料的收集,有助于考察任务的完成;同时,还应注意考察环境的安全性。

(2)组织学生外出考察,不能是四五十人的大集体统一活动,也不能让学生全部分散为个别行动。最好的做法是根据学生情况编成若干小组,并让小组成员在考察前进行讨论,按考察任务明确分工,并分别带好需用器材。

(3)考察时,注意随时加以现场指导。在考察活动中,教师既要在有组织的前提下,放手让学生自己进行考察,又要在考察现场引导学生运用多种感官或工具,按考察的任务去收集资料、调查研究。使学生在考察中获得丰富的感性材料,学到考察的本领。

(4)指导学生进行样品分析。取样分析是科学考察的重要环节,实地考察结束后,教师应该指导学生把考察活动时带回的样本,进一步进行观察、实验和分析。这样,可以使学生进一步获取科学资料,加深对考察对象的认识,以便于做出科学的结论。

(5)考察成果的交流。学生进行了实地考察和取样分析后,每个人都会获得一定的感性材料。在此基础上,可以让学生学写考察记录、考察报告、甚至有关考察内容的科学小论文。然后再进行交流,让学生实事求是地谈自己的发现、谈感受。这样可以把各人零散的感性材料汇集起来,变为集体的、比较完整的认识,最后做出合乎科学的结论。

9.5 通信技术专业考察教学法应用

下面以"考察通信运营企业"为主题进行举例说明。

1. 教学目标

(1)知识目标

通过在企业考察活动,了解企业相关的组织、管理、职业体验等基础知识,了解主要生产设备的名称、作用、工作原理,设备安全操作和注意事项等,了解企业组织构成、生产管理、设备维护、安全技术、环境保护等基本情况。

(2)能力目标

通过考察获得现场工作经验,通过考察活动提高社会交往能力,团队合作能力。

(3)情感目标

接受实际工作环境下的职业素质训导,形成正确的职业态度,养成良好的职业行为习惯,熟悉职业规范,磨练意志品质。学习在社会环境中人际关系的处理。通过专业实习,要求学生树立良好的职业道德与艰苦创业的工作作风。通过生产劳动锻炼增长社会责任感,培养热爱劳动、爱岗敬业精神,通过职业体验提高意识、促进学生进行职业思考,提早进行职业生涯规划。

2. 考察目标

(1)通信运营企业主要设备。

(2)机房维护工作主要流程和工作任务。

(3)通信运营企业组织结构。

(4)通信运营企业环境保护。

3. 考察任务

(1)考察被访企业用到的主要设备型号、规模、市值估价、设备主要功能和作用、设备使用情况、备件情况和维修情况。

（2）考察被访企业机房维护工作的主要岗位种类、各岗位维护工作内容、巡检流程、使用的工具、典型故障处理流程、维护工作需要的主要知识、技能。

（3）考察被访企业人事组织结构、岗位设置、岗位责任、工资、工作时间、休假、福利待遇等工作条件。

（4）考察被访企业环境保护问题和措施，如能源消耗、噪声防护、电磁辐射等。

4．与企业的建立联系

通过教师代表校方出面，与企业内负责员工培训的负责人取得联系，了解企业方负责人姓名（性别）、职务、电话、E-mail，企业方联系人姓名（性别）、职务、电话、E-mail，本方项目负责人姓名（性别）、职务、电话、E-mail，本方联系人姓名（性别）、职务、电话、E-mail 等。

注：根据本次考察的目标和任务，与企业方取得联系后，最好说服企业方提供技术部门、人事部门和后勤部门的负责人联系方式，以备考察工作进行时所需。

如果企业方方便的话，希望能为学生做以下主题的报告：

（1）企业组织结构。

（2）企业岗位设置和岗位工作任务。

（3）企业与环境保护。

（4）企业对员工知识、技能、态度的要求，员工培训及对学校毕业生的希望。

5．分工和考察计划

根据考察目标可以将学生分为四个大组，分别完成四个考察任务。

表 9.2　通信运营企业考察任务人员分工表

序号	成员	考察目标	考　察　任　务
1		通信运营企业主要设备	主要设备型号，规模，市值估价，设备主要功能和作用，设备使用情况、备件情况和维修情况
2		机房维护工作主要流程和工作任务	机房维护工作的主要岗位种类，各岗位维护工作内容，巡检流程，使用的工具，典型故障处理流程，维护工作需要的主要知识、技能
3		通信运营企业组织结构	人事组织结构，岗位设置，岗位责任，工资、工作时间、休假、福利待遇等工作条件
4		通信运营企业环境保护	企业环境保护问题和措施，如能源消耗、噪声防护、电磁辐射等

各小组可继续根据以上的人员分工表进一步做出本小组的人员分工。最小的考察行动单位建议至少为两人。

表 9.3　通信运营企业考察任务考察计划表

序号	时间点	考察对象	地点	持续时间	行动方式	行动人
1	11 日上午 8：30	交换机房技术负责人	二楼会议室	30 min	听取机房维护人员岗位责任报告	2.1
2	11 日上午 8：40	交换机房技术员	二楼主机房	30 min	边参观，边访谈	2.2
3	11 日上午 9：10	交换机房技术带头人	二楼会议室	60 min	办公室访谈	2.1
⋮	⋮	⋮	⋮	⋮	⋮	⋮

6．考察表和各种材料

根据具体考察内容设计问卷调查表，访谈提纲、访谈记录表、报告记录本、备忘录等。

7. 评价

表 9.4　通信运营企业考察任务评价表

评价项目	什么是对我来说成功的	什么是对我来说不是很成功的
确定考察主题 主题的现实价值 确定主题的方法 考察主题的可行性		
考察计划的制定 人员分工 考察计划的可行性 考察材料收集和设计		
考察过程 本次考察计划对考察数据获取的帮助性 考察方法对考察数据获取的有效性 考察过程的执行情况		
考察报告 考察报告内容的翔实程度 考察数据的呈现形式 考察结论的说服力 报告人的语言表达能力		

9.6　小结和作业

在教学实践中,考察教学法的应用还是比较广泛,但同时教师应该理解考察教学法也存在一些局限性,要选好适用角度充分发挥考察教学法在教学中的作用。

(1)考察教学法的优点

①学生独立学习,不是去理解确定的步骤或结果。

②在独立组织的学习过程中学生能够认识理解现实。

③对现实进行考察既是一种工作,也是一种学习。在此过程中学生不是通过整理材料而是通过实物、个体表现和情境化的主题领域来学习。

(2)考察教学法的缺点

①容易出现学生因为大量的周围环境因素影响和突发的一些事件而偏离考察主题的局面。

②考察并不能自动提供正确的认识和解释,需要对考察结果进行细致评价和与现存经验模型进行比较。

③学生往往会对考察对象的准备不足,这是因为考察对象是在活生生地运行和变化中,学生只有部分书本经验,很难考虑周到。

国内职校组织学生接触企业,主要通过三种方式:参观、现场教学和顶岗实习。这三种方式都可使用考察教学法进行规范和指导。

传统的到企业参观的教学方法大多是流于形式,学生走马观花,难以取得很好的教学效果。应用考察法,学生在"参观"前必须有目的、有计划地做些准备工作,参观过程中利用各种机会主动接触企业职员,获取考察数据。这样,企业员工在感受到来访学生的热情和表现出来的专业职业素养后,也会愿意多花些时间做做配合工作。

　　传统现场教学方式，一般是教师或企业技师在现场演练一遍，学生得着机会才能实地操作一回。但是企业资源有限，有机会实操的毕竟是少数，其余大多数学生在最初的好奇和兴奋很快过去后，往往会因为环境陌生又没有事情做，显得烦躁不安。这种不安情绪会直接影响到企业技师的演示热情。应用考察法后，在现场教学的间隙，学生也有考察任务在身，不会因为无所事事而浮躁不安；企业技师也因为学生有备而来，而愿意多讲讲，讲到位。

　　顶岗实习的工作任务本身就很重，学生往往只注意到自己的岗位要求，忽视了利用实习的机会在企业里多走走，多看看。不能一味责备他们短视和不够勤快，人具有"动机驱动"的特性，没有任务，当然就不会上心。所以顶岗实习中配合考察法能起到两个教学方法效果兼得的好处，甚至会因为两种方法相互配合而获得更多、更大的回报。

特别说明

　　国内职业教育目前在校企结合方面的程度，普遍不高。企业对配合学校完成教学活动普遍存在不够热心、支持度不够甚至还有抵触情绪。特别是中西部经济不发达地区，企业本身规模不大，技术含量低，员工素质不高。企业从职业教育领域没有感到受益，就不十分认同企业在职业教育中的贡献和责任，参与教学活动的积极性就不高。

　　教师可通过慎重选题，优选具有社会效益、经济效益的、企业感兴趣的主题，来与企业沟通。如发现工作流程中的不良问题，企业活动过程中的不必要浪费和损耗，企业技术革新方向和成效等。学生在完成调研后，挑选优秀报告与企业交流，帮助企业改进。由此，双方实现在互利的基础上，加强互动。

　　最后，请参训教师拟定一个专业题目，设计考察目标、考察任务描述、人员分工、考察计划，调查表，访谈提纲等内容，完成一个专业教学法应用任务。在完成任务之前，可组织参训教师讨论教材所列案例的得失，对自己教学工作的启发等。

　　(1)你选择的专业教学法应用题目是_____，选择这个题目的原因？

　　(2)考察目标有哪些？这些考察目标和任务可通过哪些考察方式来获得数据？

　　(3)考察计划制定的注意事项有哪些？

　　(4)完成本专业教学法示范课。

　　(5)请总结本次教案设计和示范课的得失。

10 通信技术专业案例教学法

10.1 案例教学法概述

案例教学法起源于 20 世纪 20 年代,由美国哈佛商学院(Harvard Business School)所倡导,当时采取一种很独特的案例形式的教学,这些案例都是来自于商业管理的真实情境或事件,透过此种方式,有助于培养和发展学生主动参与课堂讨论,实施之后,颇具成效。印度 NI-IT 的 MCLA 方法——"基于榜样的学习设计"教学方法,则是案例教学法在工程技术领域的经典应用,它在培养印度软件专业人才方面发挥了举足轻重的作用。国内教育界开始探究案例教学法,则是 20 世纪 90 年代以后。

所谓案例教学法指在教学过程中将特定的职业或专业相关的事件、过程、发展、情景等以陈述或者报告的形式再现之,其中特别事件的时序、该事件发生所处的特别背景都明显可辩。叙述性质的描述形式决定了它通常会采用某个特定人物或机构的视角;时序性质的描述通常会在某个地方结束,保留一种开放式结局。案例就学术/技术难题、现实问题、决策压力、道德困境、社会冲突等主题,通过叙述引入问题,对其进行有意义的处理。通常在叙述之中附上或者还需要附上很多专业的材料,即在叙述中,将数据或专业材料作为附件提供,通过研究并提出问题,通过考察、分析得到问题的答案。案例教学法典型实施过程如图 10.1 所示。

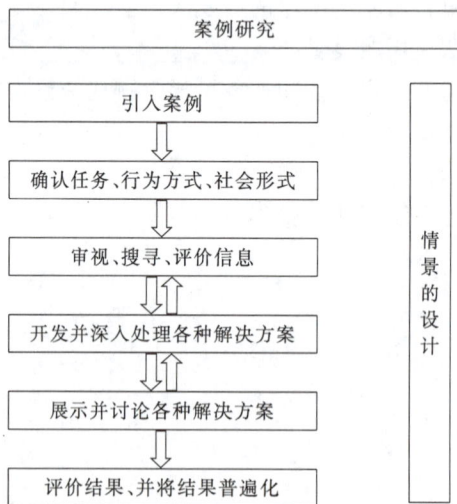

图 10.1 案例教学法典型实施过程图

简言之,案例教学法是一种运用案例进行教学的方法,其教学过程是根据教学目标和要求,在教师的指导下,以实际案例作为剖析对象,应用所学的相关理论知识进行分析研究,教授学生分析问题和解决问题的方法或道理。在案例教学法中要求学习者寻找所提出问题的可能的解决方案,借助合适的材料深入思考或检测已有的解决方案,提出并论证解决之建议,在教学过程中学生自主学习和合作学习通常占据主导地位。学习的结果除了认识了解问题以及可能的解决方案本身,还有确认那些内容上特别重要的事物之间的相互关联,将案例中发现的结果、相互关联及行事方式进行有意义的抽象和推广。

10.2   案例教学法分析

1. 案例教学法特色

案例教学方法把理论融入一个个生动的具体案例中,既讲理论,又讲实践,深入浅出,通俗易懂,可增强对教学内容的理解与记忆,还可使学生形成科学的思维模式。运用案例教学,可将理论阐述得更透彻、更具体,可极大地提高学生的学习兴趣和主动性,活跃学生的思维,开拓学生的思路,使学生成为课堂教学的中心。因此,案例教学法更适合于对已经掌握一定专业知识的人员所实施的教学,对师资培育具有实用价值,尤其在职前师资培育阶段,可帮助职前教师建立其教学实务知识。在师资培育愈来愈重视教学方法改善的时代,案例教学法有相当大的发展空间。

2. 案例教学法在通信技术专业中的作用

通过上面的分析可以看出,实施案例教学法的重要环节是选取教学案例,案例应该具有典型性、实践性和针对性。通信技术专业学生的就业岗位之一就是通信机务员。从运营商的角度观察,目前的运维工作采用"集中监控、综合维护"。通信机务员需对交换、传输、数据、动力等多种通信设备进行维护和监控。针对该岗位的技能要求,大量的维护、规划、设计案例都可以作为案例教学的选材。

例如,对交换机务员而言,该岗位的工作任务涉及到交换设备的系统维护和日常业务管理,包括用户数据、I/O设备、局数据、计费数据、故障处理等。而在交换设备的日常业务管理和维护中,最频繁工作任务就是用户线的管理(创建、修改、删除、显示)以及用户线的故障排除。用户线管理和维护质量的高低直接影响到用户使用交换机的满意程度,同时也是交换维护岗位的典型工作任务,具有较强的实践性和针对性,可以选编为教学案例。选好案例后,按照案例教学法的步骤,再配合现场教学法,必将收到良好的教学效果。

10.3   通信技术专业案例教学法应用一

为了更好地阐述案例教学法在通信技术专业中的教学过程,这里以《通信机务》课程中的"用户数据管理"为例,详细描述案例教学法的教学过程。

教学大纲中"用户数据管理"部分的教学要求如下:

(1)理解用户数据的主要内容。

(2)掌握交换设备用户模块的硬件结构。

(3)掌握用户线的创建、修改、删除、显示操作。

1. 引入案例

针对教学大纲的相关要求,准备一个实际生活中能贯串所有知识点的案例场景。案例场景描述如下:

小张是某公司驻 A 市办事处的工作人员,他向电信公司申请安装一部固定电话,所选电话号码为 321149。因工作需要,小张希望开通国内长权以及呼叫转移、来电显示和缩位拨号三项新业务。一年后由于工作调动原因,小张要求拆机。

小李是一名电信公司的交换维护人员,他接到工单系统派单后,首先和负责外线施工的维护人员进行了联系,在确定外线施工完毕后,对本局交换机的资源配置情况进行检查,决定将用户小张的话机接在本局 S1240 交换机上网络地址为 H'1 的 ASM 模块的第 150 个终端上,并按下列步骤配置相关数据,来满足用户的一系列业务需求。

(1)4291:dn=k'321149,en=h'1&150,subgrp=1;

(2)4294:dn=k'321149,ocb=add&perm&nat,subctrl=add&cfwdu,nbridfcd=add&cglip;

(3)141:dn=k'321149,abdrepsz=20;

(4)4295:dn=k'321149,en=h'1&150。

小李经过一系列操作,最后发现无法实现为用户拆机。

问题一:小李无法实现为用户拆机,问题出在哪里?

问题二:如果你是小李,面对这样一项工作,你会怎样做?

此案例由教师负责提供,案例设计时要从企业实际的岗位素质能力、知识需求出发,以培养学生的动手能力和实践技能为目标。因此教师在设计案例时应注意以下问题:教学案例要能涵盖课程的基本概念和绝大部分知识点;尽可能接近社会现实或与企业相关岗位实际工作任务相吻合,便于教学和理解;适应学生的接受能力;案例之间应相互关联、前后连贯、由易而难,初期的案例应尽量避免涉及后续章节的知识,后期的案例应尽可能涵盖前面案例的内容,以加深和巩固所学知识,并且要具有一定的难度,以激发学生的兴趣和自主学习的动力。

上述案例是日常生活中消费者经常碰到的状况,也是运营商交换机务员的典型工作任务之一,即为用户开户和销户,并实现用户要求的服务性能。该工作任务在交换机务员日常业务管理中属于较基础的任务,学生容易理解和接受。

2. 分析案例

分析案例这一环节是要确认本次任务的目的和社会表现形式。此环节中,教师应向学生明确提出工作任务是否完成的评价标准。

是否完成上述案例中涉及的工作任务,表现在以下几方面:

(1)装机完成后 321149 用户能打通电话(摘机后听拨号音)。

(2)能实现用户要求的新业务,以呼叫转移为例,如 321149 用户要求将所有来话转移至 321171 话机,则其他话机呼叫 321149 时,321171 话机振铃。

(3)拆机完成后 321149 用户摘机无拨号音。

教师在此环节中还可以指出此案例的扩展应用范围。例如,其他运营商的用户申请开户、销户,或者申请其他新服务性能,该如何实现?非 S1240 交换机型的用户申请开户、销户,或者申请其他新服务性能,又该如何实现?

这种案例的分析,可以将"用户数据管理"中涉及的相关理论知识和操作技能与学生的生活经验以及今后的职业岗位联系起来,从而有效激发学生的学习兴趣,提高学生的关注度,让学生在兴趣中完成知识点的学习,在学习过程中提高动手能力和实践技能。

3. 收集案例相关信息

收集信息这一环节是为了尝试让学生通过已有的知识、推断和意愿在有或没有必备材料的前提下提出答案,考虑和计划解决问题的方法。这一环节由教师和学生共同参与。教师通过启发引导,帮助学生把案例中的内容与相应的理论知识联系起来。

在上述案例中,例如要打通电话,教师可以提示学生以下问题:是否需要将用户话机和交换机相连? 如何相连? 用户是否需要选号? 我们如何知道用户已经可以打通电话了?

针对上述问题,教师梳理出本案例需要学生掌握的基本专业知识点,并负责提供相关学习资料,可组织学生自学,或对必要的知识点进行讲解。

本案例中涉及的基本专业知识点如下:

(1)用户装机所需的硬件安装条件。

(2)用户数据的内容,关键数据的情况。

(3)用户使用固定电话进行话音通信,通信过程中涉及的信号音情况。

针对以上知识点,教师可以提供以下学习材料:

(1)硬件安装条件

①线路知识

用户话机经分线盒、交接箱、配线架,通过局内电缆与交换机用户模块的后板相连,外线与局内电缆在 MDF 配线架处通过跳线连接,如图 10.2 所示。

图 10.2 用户话机连接示意图

②S1240 交换机硬件知识

ASM 模拟用户模块由 MCUA 模块控制单元和以下电路板组成:

——ALCN 模拟用户电路板,每块板有 16 个用户,每个模块可装 8 块 ALCN 板;

——RNGF 铃流板,1 块,为本模块 128 个用户提供振铃电流;

——TAUC 测试存取单元,一般一个机架配备 2 块,是模拟用户线和用户电路的测试接口电路;

——RLMC 机架告警板,一个机架配备 2 块,收集本机架的硬件告警。

此部分学习材料可按以下方式进行准备:

(1)学生已有的线路知识(由通信线路课程提供,可能不具备)。

(2)学生已有的交换机硬件知识(在本课程前面章节已介绍)。

(3)学生日常生活经验(学生可能熟悉外线相关设备,如居民楼里的分线盒、城市街道旁的交接箱等,不清楚局端设备,知识不完整)。

(4)通信机房实地考察。

(5)如果不具备相应的实验环境,可以向学生提供图片或相应的视频文件,也可采用画图的方式(如图 10.2)加以说明。

教师利用相关学习材料,重点引导学生对用户模块的主要功能和单板进行复习,就 S1240 设备而言,应重点注意 ALCN 板,ALCN 板用来连接模拟用户线。因此它与用户数据配置时用户的设备号即用户的物理连接情况密切相关。

另外,通过学习材料创建职业环境,让学生理解交换机务员这一职业岗位的工作范畴,交换机务员岗位的工作更多涉及交换设备的硬件和软件数据的配置与维护,而非外线设备(外线设备属于线务员的工作范围)。

同时可以对问题从不同角度进行引申:若用户申请 ADSL 宽带业务,ADSL 信号是否和话音信号的流向一致? 如果该用户拨打其他交换局的用户,信号的流程如何? 此过程可帮助学生在通信网方面建立全程全网的概念。

(2)用户数据

用户数据全面反映用户情况,每个用户都有自己特定的用户数据,包括:

—用户类别:单线用户、用户交换机用户、公用电话用户、数据用户、传真用户等。

—话机类别:脉冲话机或 DTMF 话机。

—呼叫权限:紧急呼叫、本地网呼叫、国内长途有权、国际长途有权等。

—用户计费类别:包括专用计数器计费、定期计费、立即计费、营业厅计费和免费等。

—各种号码:用户电话簿、用户设备号、时隙号、局号、密码等。

此部分学习材料可按以下方式进行准备:

(1)学生已有的交换机数据知识(在本课程前面章节已介绍)。

(2)学生日常生活经验(家庭座机号码等)。

教师利用学习材料,组织学生讨论用户数据包含的主要内容及关键数据有哪些。此过程可由全体同学进行集体讨论,得出最后结果,教师对结果给予评价。

要从用户的多项数据中找出关键数据,学生讨论的答案可能并不是正确的,教师在此过程中要给予协助。例如,以学生熟悉的手机用户开户为例加以说明。手机用户开户时,要买卡选号。这一过程实际包含了两项关键数据:移动用户的 MSISDN 号码和 IMSI 号码。MSISDN 号码就是我们经常拨打的移动用户手机号,如"138××××××××",它用来标识通信双方中的被叫用户。IMSI 号码和手机卡绑定,可在手机发送给基站的信号中传递,移动交换机通过 IMSI 号码识别通信中的主叫方。由此可见,手机用户开户的关键数据是 MSISDN 号码和 IMSI 号码,手机用户的开户过程就是要建立 MSISDN 号码和 IMSI 号码的关联。

教师引导学生对这一结论进行知识迁移,联系固网座机用户的装机开户,同理也应该建立主叫和被叫的关联关系。S1240 系统中,被叫用电话号码 DN 识别,主叫通过用户设备号 EN 判定,所以得出结论:S1240 系统的用户数据管理中,关键数据是 DN 和 EN。

(3)信号音

用户在一次通话过程中会听到包括拨号音、回铃音、忙音、振铃在内的多种信号音。

此部分学习材料可按以下方式进行准备:

①学生已有的呼叫处理和信令知识(在本课程前面章节已介绍);

②学生日常生活经验(实际通话过程中的体验)。

如果学生不具备呼叫处理和信令方面的知识,可由个别学生来详细描述一次通话过程,重点是信号音的接听,不完善之处由其他同学进行补充。这部分的学习材料可引导学生从信号音方面判别创建和删除用户数据是否成功,即能否听到拨号音是验证学生任务完成情况的评价标准之一。

完成这一工作任务的信息收集后,学生应牢固建立三个基本概念:

①用户在局端设备上连至 ALCN 板。

②用户数据管理的基本参数是 DN 和 EN。

③用户装机成功应听拨号音,拆机无拨号音。

4. 提出案例解决方案并完成任务

该阶段是学生运用所学知识来分析和处理案例以及案例中存在的问题。本阶段可将学生分成若干个组,在规定的时间让学生阅读学习材料,提出数据配置方案,并上机操作验证,完成相关工作任务。

针对本案例,学生要完成的任务是:

(1)装机。

(2)新业务及长权开放。

(3)拆机。

这些工作任务涉及用户数据管理的基本操作命令,用户数据管理基本操作命令见表10.1所示。

表 10.1 用户数据管理基本操作命令

命令号	命令助记符	命 令 功 能
4291	CREATE-ANALOG-SUBSCR	创建模拟用户,必须给出 DN、EN 和 SUBGRP
4294	MODIFY-SUBSCR	修改用户线的特性及用户特服
4295	REMOVE-SUBSCR	删除用户,必须给出 DN、EN
4296	DISPLAY-SUBSCR	显示用户数据

在此阶段,教师需要向各组学生提供的学习材料是 MMC 人机命令手册。

MMC 手册中,详细地描述了维护所用人机命令的功能、限制条件、工具、系统报告信息、操作流程、参数标识、差错码说明以及应采取的措施等。以 4291 命令为例说明,4291 命令用于创建新的模拟用户(装机),使用该命令时 DN 和 EN 应当尚未分配,其操作流程如图 10.3所示。

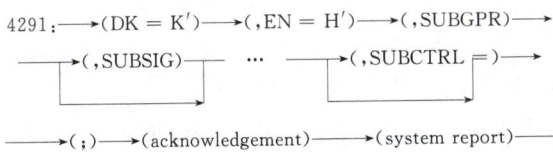

$$4291: \longrightarrow (DK = K') \longrightarrow (, EN = H') \longrightarrow (, SUBGPR) \longrightarrow$$

$$\longrightarrow (, SUBSIG) \longrightarrow \cdots \longrightarrow (, SUBCTRL =) \longrightarrow$$

$$\longrightarrow (;) \longrightarrow (acknowledgement) \longrightarrow (system report) \longrightarrow$$

图 10.3 4291 命令操作流程图

教师可结合 MMC 人机命令手册对完成任务所需人机命令的重要参数进行解释。例如:

——用户号码 DN

S1240 交换机维护中用 DN 代表用户号码,在相关人机命令中,用户号码赋值只需本地号码,一般不带区号。如:$DN = K'321149$,其中,K'表示十进制。

——设备号码 EN

S1240 交换机维护中用 EN 代表设备号码,即用户对应交换机的硬件编号,它表示用户的物理连接情况,由以下两部分组成:

(1)用户模块网络地址 NA,比如 $H'0001$ 等,其中,H'表示十六进制;

(2)用户线终端编号 TN:ASM 采用交叉互助方式,TN 连续编号为:偶模块 1 至 128;奇模块 129 至 256。用户设备号 EN 在相关人机命令内赋值如下:$EN = H'0001 \& 150$。

实际维护中 DN 和 EN 可以任意配对。

在学生学习人机命令手册时,教师要对学生学习中存在的疑难问题进行解答,收集问题。

在各组学生完成相关材料的学习后,教师为学生提供相关配置数据见表10.2。配置数据按学生分组情况提供。

表 10.2　教师提供的配置数据

组　　别	电话号码	物理连接情况(EN)
1	321149	1 模块 150 终端
2	321150	1 模块 151 终端
3	321151	1 模块 152 终端
4	321152	1 模块 153 终端

学生获得配置数据后,由全组成员进行讨论,拟定完成任务的数据配置方案、数据配置过程以及确定数据配置正确与否的检验方案。根据学生拟定的方案,要求各小组学生利用交换实验实训室的 S1240 设备和维护终端进行上机操作,完成装拆机和新业务提供的相关任务,并利用机房电话机验证数据配置的正确性。

教师在此阶段要关注小组成员之间的沟通交流情况,学生的上机情况,收集数据配置中存在的问题,并对重要的维护信息向学生提问。

5. 展示并讨论案例解决方案

各小组经过上机操作完成任务后,提交一份报告,报告里应包括本小组完成任务的操作流程,操作过程中存在的问题及解决方法,相关操作的维护报告。由小组负责人或另外成员陈述本组数据配置思路,展示维护报告,解释重要维护信息。陈述过程中,其他组成员可提问,教师及时对问题进行补充说明或引申。

例如,某小组完成用户装机、开放长权和呼叫转移业务、销户的任务以后,展示方案如下:

(1)<4291:dn=k'321149,en=h'1&150,subgrp=1,subctrl=add&cfwdu;

(2)<4294:dn=k'321149,ocb=add&perm&nat;

(3)<4295:dn=k'321149,en=h'1&150。

教师和其他小组成员可针对每一步骤进行讨论。比如步骤(1)说明该小组成员能正确理解 4291 命令的操作流程,即命令中 DN、EN、SUBGRP 是必选参数,而 SUBCTRL 为可选参数。创建用户基本数据时,可利用 SUBCTRL 这一参数同时为用户开放呼叫转移新业务的权限。该小组的业务开通方式选择了远端控制方式。步骤(3)可以实现用户拆机任务,但存在缺陷,如果用户有缩位拨号业务,用 4295 命令是无法删除该用户数据的。请同学对该方案进行完善。

6. 案例推广

教师根据各组学生的操作情况,提出问题:为用户开放呼叫转移业务可采用哪些方式?有何区别?教师可通过维护终端示范如何使用远端控制和软件控制两种方法为用户开放呼叫转移新业务,并在话机上验证使用。

最后教师带领学生对运营商提供的新业务进行梳理,明确开放各种新业务所用的人机命令、相关参数和方法。为巩固所学所练知识点,教师可以设计与教学案例相似的练习案例如下:

(1)为用户开放来电显示功能;

(2)为用户添加免打扰和热线服务功能。

练习案例让学生独立上机完成,以检查学生的知识掌握情况和实践动手能力。练习案例完成后,教师组织学生进行案例总结,推广出普遍适用的操作流程和新业务的实现方法。

以上就是案例教学法在《通信机务》课程的"用户数据管理"教学中的实施过程。在学生完

成全部任务后,还应对任务实施过程及任务成果进行自评、他评、师评,评价要点及内容包括:

(1)维护工具书的使用

主要考察学生能否熟练使用维护相关的工具书。S1240 交换系统维护,主要使用三种维护工具书:人机命令手册、报告手册和支援信息手册,学生应熟练使用。

(2)操作的规范及熟练程度

主要考察学生能否快速、正确地完成用户的装拆机以及新业务开通。

(3)协作沟通能力

主要考察学生之间以及学生与教师之间的互动情况,学生能否积极提出问题并展开讨论,同时制定有效的解决方案。

(4)任务完成情况

主要考察学生能否实现装机打通电话、正确使用新业务、拆机无拨号音。

(5)维护报告展示

主要考察学生能否正确阅读并讲解维护报告,掌握报告中的关键维护信息。

(6)创新能力

主要考察学生能否独立为用户开放其他新业务以及修改更多的用户数据。

10.4 通信技术专业案例教学法应用二

为了更好的阐述案例教学法的教学过程,这里再以通信技术专业《通信机务》课程中的"故障定位及处理"这一任务为例,详细描述案例教学法的教学过程。

核心教材中"故障定位及处理"的任务描述是:要求通过具体的案例掌握告警信号流和故障定位原则,通过对故障现象的了解,能及时高效的排除故障,降低经济损失。我们知道故障的定位及处理经验是需要维护人员长期积累的,在教学中可以通过分析典型案例来一步步分析故障产生原因,获得处理故障的一般方法。所以"故障定位及处理"这部分教学是非常适合采用案例教学法展开的。

结合案例教学法的典型过程,我们把本次课分为六个阶段:陈述—信息—研讨—决定—辩论—检查推广。

1. 案例设计——陈述

根据《通信机务》课程中的"故障定位及处理"这一任务的教材内容,教师可以结合课本内容给出如下案例:

某地的组网方式如图 10.4 所示,链路经过的设备是华为公司的 Optix155/622H 的设备,由 4 个网元构成一个无保护链。某日,网管维护人员发现 1 号站和 4 号站间的 2 M 业务中断,从 1 号站无法登录 4 号站,且 3 号站东向光板有 MS-RDI 告警和 HP-RDI 告警,1 号站与 4 号站间的业务所对应的 2 M 通道有 LP-RDI 告警。同时,设备维护人员在机房观察到 4 号站的光板和支路板每隔一秒红灯闪三次,3 号站的东向光板每隔一秒红灯闪一次。客服中心接到用户宽带无法登录的投诉电话,系统显示是传输侧故障。

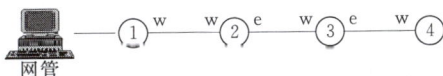

图 10.4　故障案例

2．问题预判——信息

陈述完案例后，学生可能会开始猜测排除故障的方法，也可能是很安静的思索。这个时候，教师应该引导学生给出他们对这个故障的解决方法。教材在上一任务"SDH设备参数测试"中，介绍了各种参数测试的方法，个别学生可能会联想到"环回测试"，下面就可以假想使用环回法查找故障点，引导学生并给出合理的处理意见。在问题的预判中也可能会有学生不能给出问题的解决想法，甚至对于案例描述中的：MS-RDI告警、HP-RDI告警、LP-RDI告警、光板和支路板每隔一秒红灯闪三次和东向光板每隔一秒红灯闪一次等细节的概念还很模糊，那么教师可以从"业务中断"下手，启发学生想象哪些可能引起业务中断。比如可能的故障原因是：3号站东向光板发送信号有问题；也可能是光路问题（包括光纤和光纤接头）；还可能是4号站光板的接收信号问题。

3．分析问题——研讨

要准确分析出故障的位置并排除故障，这是很严谨的一件事情，不能靠想象不能靠大概猜测，所以需要把描述的问题弄清楚。可以将学生分成几组，通过教材及教师提供的参考资料依次解决如下的问题：

（1）MS-RDI、HP-RDI、LP-RDI分别是什么告警内容？产生的原因可能有哪些？

（2）Optix155/622H的设备的单板的功能及设备指示灯状态含义？

（3）什么是环回法，怎样做内环外环？

（4）故障排除中有哪些方法？

（5）怎样定位案例中的故障？如何排除故障？

4．解决问题——决定

（1）针对"分析问题"中的第一点，引导学生查阅课本和资料，熟悉了解各种告警信息的含义；同时提出问题：哪些原因可能导致这些告警信息的产生？帮助学生建立告警指示信息和产生原因之间的因果联系。

（2）针对"分析问题"中的第二点，带领学生到传输机房认识设备，对设备接口之间的硬件连接进行实地考察，进一步熟悉各接口含义和功能。可以分发设备的说明资料，让学生巩固各单板的名称、功能。

（3）针对"分析问题"中的第三点，可以引导学生学习教材中"环回法"对链型网进行故障处理的案例。

（4）针对"分析问题"中的第四点，根据问题（1）、（2）和（3）的结果，引发学生的讨论，此时学生讨论的答案可能是多种多样的，教师应该引导学生分析和思考，可以总结出故障排除的一般方法。

（5）针对"分析问题"中的第五点，教师和学生一起，配合以上四点，根据不同的分析过程尝试用各种方法排除故障，比如，若采用替换法：我们怀疑3号站发与4号站收之间的光纤有问题，则可将3号站与4号站间收、发两根光纤互换。若互换后，3号站东向光板的收有R-LOS告警，红灯三闪，则说明是光纤的问题；若互换后，故障现象与原来一样，则说明光纤没有问题，而是光板的问题。可以进一步使用替换法，分别替换3号站东向光板和4号站西向光板，来定位到底是哪块光板的问题。

5．总结讨论——辩论

前面的分析都是零碎的，需要各个小组在辩论中评估和整理问题答案。

（1）小组长或另外的成员陈述故障产生的原因。

（2）提出故障处理的方法。

（3）提出日后设备例行检查时间和基本维护注意事项。

（4）陈述过程中，其他组成员可提问，教师及时对问题进行补充说明或引申。

6. 举一反三——推广

实际工作过程中传输设备故障的定位及处理工作是很复杂的，变数也很大，但是故障定位的一般原则——"先外部，后传输；先单站，后单板；先线路，后支路；先高级，后低级"是不变的。故障定位的常用方法为"一分析，二环回，三换板"。除此之外，还有"更改配置法"、"配置数据分析法"、"仪表测试法"和"经验处理法"等。而且随故障范围、故障类型的不同，所使用的故障定位方法也会有所不同。具体采用什么样的方法可以结合教材的分析确定。

在学生掌握了以上的故障定位方法以后可以设计一些练习案例，巩固以上的方法。在具体的实例中体会各种方法。针对不同类型的告警，教师可以用案例教学法讲解某一种故障告警的例子，再举一个类似的例子，在分析中归纳总结此类故障的一般处理流程。

某工程组网如图 10.5 所示，4 个 SBS2500 设备组成双向复用段保护环，1 号站为中心点，连接网管。

维护人员突然发现 3 号站接收 4 号站方向的 R16 板有 R_LOS 告警，4 号站相对应的光板有 MS-RDI，复用段进行了保护倒换业务未受到影响。请问如何排除故障？

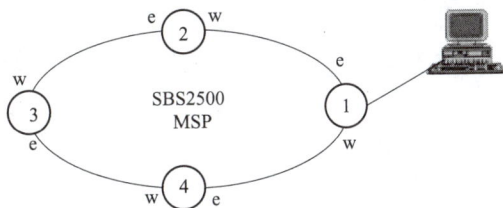

图 10.5 R_LOS 故障练习案例

练习案例增大了难度，可以引导学生按照"一分析，二环回，三换板"的原则，分析、讨论，可以梳理出如下的故障分析及排除的步骤：

（1）由于 3 号站和 4 号站之间只有一个方向有问题，断纤的可能性不是很大，故维护人员先带上 R16、T16、光功率计、两根测试尾纤、光衰减器、无水酒精和棉球到 3 号站进行处理。

（2）在 3 号站测量对 4 号站方向的收光功率为 -21 dBm，在长距 R16 板的接收范围内排除了光缆不好的可能。

（3）将两根测试尾纤用光衰减器相连，尾纤一端与 T16 相连，另一端与光功率计相连，调节光衰减器直到光功率在 -22 dBm 左右，将尾纤从光功率计移到 R16 上进行自环测试，观察到 R16 板告警消失，ASP 没有 R_LOS R_LOF 告警。可以判断 3 号站正常，而且没有因为 R16 内部的法兰盘接触不好或变脏影响灵敏度，可以排除 3 号站故障。

（4）在 4 号站对 T16 做自环测试，注意 R16 收光功率应小于过载点 -9 dBm，如果发现 R16 有三闪告警为 R_LOS 告警可以判断是 T16 故障。

（5）更换上相同类型的 T16 故障解决。

同时可以留给学生一个作业：

某传输网组网如图 10.6 所示，4 个 OptiX 2500＋设备组成双向复用段保护环；1 号站为业务中心点，连接网管。其中 3 号站和 2 号站之间距离较长，使用了 BPA 光放板。

某日机房维护人员发现 2 号站接收 3 号站方向的 S16 有 R_LOS 告警；全网正常倒换，业务未受影响，用网管查询 2 号站的告警 PA 有 IP-FAIL 告警，3 号站的 BA 有 IP-FAIL 告警。

　　根据实际课程的进度,作业的讲评可以安排在本次课的结束或下次课的开始。结合练习案例和作业的案例,教师可以引导学生实践故障的各种处理方法,鼓励有能力的学生画出具体故障的处理流程,进一步清晰具体故障的排除逻辑分析,比如对于 R_LOS 或 R_LOF 的告警,可以根据分析处理的过程整理出如图 10.7 的流程图。

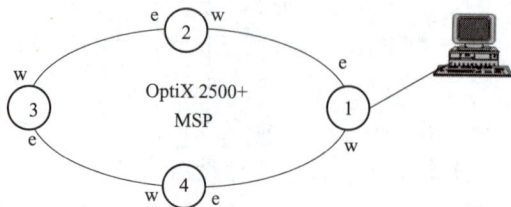

图 10.6　R_LOS 故障示例案例

　　在案例教学法的过程中,根据学生的实际情况可以适当增加案例的数量,练习案例的设计上可以分成多个组,以组为单位成为一个工作小组,每组承担一个故障案例的排除工作。最后把各组的结论综合,得到各种类型的告警处理方法。

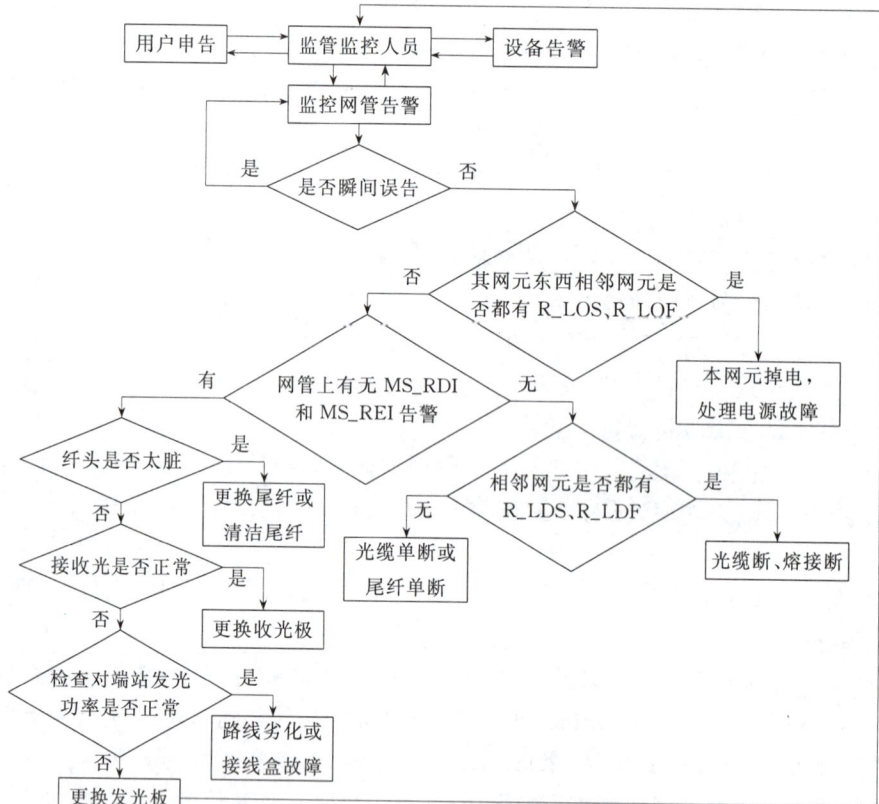

图 10.7　R_LO 和 S_LOF 告警流程图

10.5　小结和作业

　　案例教学法通过一个具体教学情景案例的描述,引导学生对这些特殊情景进行讨论并推广应用。在教学过程中选择合适的案例在实际应用中非常重要。案例教学中必须将日常知识(普遍的、职业情境特有的、脚本等等)与科学知识、专家知识和观念等进行相互关联并深入思考,才能获得能力的提升,即分析问题和解决问题,并且在分析问题和解决问题过程中建构专业知识。案例研究的特别长处在于提供了一个对主体而言有意义的平台,可以将不同的认知结构与结果进行有意义的相互关联。它运用的实际上是一种归纳的教与学的策略：学习者通过对单个的案例进行深入思考，从而领会其特别之处，然后尝试着，由此推断出普遍意义。比如通信机务员维护工作中，可通过典型故障的处理推广到一般故障的处理，所以机务岗位的典型工作任务可以采用案例教学法来实施。

请参训教师拟定一个专业教学题目，收集和编写教学过程中使用的案例剧本，为案例学习设计引导问题、教师行为、学生行为、师生交互方式和学生行动任务等，即完成应用一个案例教学法的专业教学方案。

(1)你选择的专业教学法应用题目是＿＿＿＿＿＿＿＿＿＿＿，选择这个题目的原因？

(2)你设计的案例叙述方式：叙述性，时序性或其他？

(3)案例中问题的范围和复杂度。

(4)案例内容的虚构程度。

(5)案例研究的开放性，即学习环境的开放性。

(6)案例问题或行动任务的开放性。

(7)问题解决方案的开放性

(8)完成本专业教学法示范课。

(9)请总结本次教案设计和示范课的得失。

11 通信技术专业项目教学法

11.1 项目教学法概述

在社会对职业教育要求不断提高的背景下,项目教学法对职业院校学生实践能力、社会能力及其他关键能力的培养起着非常重要的作用。

项目教学法由著名教育专家凯兹和查德共同推创,是以项目为核心的一种宏观教学方法。它起源于美国,盛行于德国,目前在我国的职业院校的专业课教学中广为使用。

"如果只有55 min,能造一座桥吗?"教育家弗雷德在"德国及欧美国家素质教育报告演示会"上这样介绍项目教学法。55 min之内,如何造一座桥?如何采用项目教学法?他给出的具体过程是这样的:首先由教师或学生在现实中选取一个造桥的项目,然后学生分组对项目进行讨论,写出各自的项目计划书;接着正式实施项目,利用模型拼装桥梁;最后学生演示项目结果,并阐述构造的机理,教师对学生的作品进行评估。通过以上步骤,可以充分发掘学生的创造潜能,并促使学生在项目教学的过程中不断提高自身的实践动手能力。

项目教学法将理论与实践教学有机地结合起来,通过实施一个完整的项目进行教学活动,目的是实现学生学习过程组织和实施的独立自主性。在实施项目教学法的过程中,一般由学校和企业共同组成项目小组,深入实际,在解决问题的同时,学生可以学习和应用已有的知识,教师可以在实践中培养学生解决问题的能力。它具有一定的应用价值,能将某一课题的理论知识与实际技能结合起来,学生有独立制定计划并实施的机会,在一定时间内可以自行安排自己的学习行为,并有明确具体的成果展示。

项目教学法与传统的教学法相比,有很大的区别,主要体现在"三个中心"的转变上,一个是由以教师为中心转变为以学生为中心,二是由以课本为中心转变为以项目为中心,三是由以课堂为中心转变为以实际经验为中心。

总的来说,项目教学法具有以下一些基本特征:

(1)以学生和项目为中心,改变了传统的以教师为中心的课堂教学活动。

(2)问题导向,可以提高学生学习的积极性。正确实施项目教学法,学生的学习积极性能被极大激发,自觉地学习并高质量地完成项目作业。

(3)独立决定。在项目教学中,学习过程成为一个人人参与的创造实践活动,项目教学注重的不是最终的结果,而是完成项目的过程。

(4)与经验密切相关。学生在接近工作实际的环境中进行实践学习,充分发掘学生的创造潜能,提高学生解决实际问题的综合能力。

(5)目标和产品导向。学生在项目实践过程中,理解和运用已学的知识和技能,勇于创新,实现一个从无到有的过程,最终产生相应的目标和产品,并在此过程中,培养分析问题和解决问题的思想和方法。

🔧 11.2　项目教学法分析

11.2.1　适用范围及对象

教学方法种类很多,适用范围及对象也不尽相同。除项目法外,还有模拟法、技术实/试验法、角色扮演法、案例法、引导文法、考察法等多种专业教学法。模拟法一般利用不真实的场景特别是器具去模拟真实的场景和器具,使参与者了解运作原理及过程。技术实/试验则通过不同的参数和条件去测试,可以帮助学生从测试结果中发现规律,从而获取知识。角色扮演法与模拟法类似,不同的是,前者目标是让参与者掌握角色之间的"接口",而后者重在全局的掌握。案例法重在从个别到一般,从生活经验到科学经验的提取。引导文法通过引导文,查阅相关资料完成题目。考察法,则是通过对工作现场的了解去掌握相关流程。

项目法与其他教学法相比,更注重于学生实践能力的培养,即通过学生学过的知识,去解决新的问题,使学生得到综合锻炼,创新性上也有所提高。项目教学中待解决的问题与企业工作中所面临的问题存在确切的联系。项目的完成具有明确的时间规定,并有明确的成果展示。

相对于其他传统教学法,项目教学法将课堂教学与"经验世界"联系起来,因而具有实践性强、学生动手能力提升快的特点,最终目标是:

(1)培养学生独立、富有责任意识解决实践问题的能力。

(2)传授专业知识、发展专业特定能力。

(3)培养学生团队工作的能力。

(4)培养学生解决复杂的跨专业问题的能力。

项目教学法的应用范围非常广泛,适用于实际问题的分析和解决,对于实践动手能力要求较高的学科或章节,教师在教学过程中实施项目教学法,不仅能使学生扎实地掌握学过的知识,还能提升其利用已学知识解决实际问题的能力。通信技术类课程往往对实际操作能力要求较高,比如传输的优化,就可以适当的引入项目教学法,往往会起到事半功倍的效果。

项目教学法的适用对象是中等职业学校的高年级学生。目前学生初中毕业直接进入职业学校,由于之前一直接受传统教学和学习方法,习惯于以教师为主导、以知识体系为核心的课堂教学,自学能力较差,如果直接在低年级学生中开展项目教学,可能感到不适应。因此,基于这一点,对于通信技术专业这种实践动手能力要求比较高的中职院校的学生来说,教师应先以项目教学目标为导向,建立合适的教学过程,在为低年级学生打好理论知识基础后,再在高年级中开展项目教学。

11.2.2　基本思路及实施流程

项目教学的基本思路是实现教师主导性与学生主体性的有机融合。教师根据教学目的设计教学项目,项目可根据学生需要掌握教学内容再划分为一个或多个教学小单元,按照项目教学的流程来进行。项目教学法实施的前提条件是必须具备能够操作的项目与工作任务,这个项目最好来源于实际生产的真实项目,这样对于培养学生与企业实际的零距离接轨大有好处。

职业教育培训的每个阶段都可以设计一系列相互联系的项目。教师以学生需要掌握的知识为背景,将一个相对独立的项目,交给学生,项目进行过程中资料的搜集、方案的设计、项目的实施及最终评价等各个环节,都由学生自己负责。在项目的进行中,学生可以了解和把握项目的整个过程及每一个环节中的基本要求。

项目教学法的实施流程大致如下:确定教学项目→制定项目计划→项目的实施→评价总结。

1. 确定教学项目

教师根据教学大纲要求设计项目,传授与项目相关的基本理论知识,帮助学生理解项目要求。在这一阶段,教师需要注意,首先,选取的项目要包含全部教学内容并尽可能自然、有机地结合多项知识点,最好选取真实的生产项目,如果项目上选取有困难,也可以选用一些仿真项目。其次,项目的难易度要针对学生的实际水平来确定;最后,项目要被大多数学生喜爱,并可以用某一标准(正确答案、美感等)公平准确地给予评价。当然,不是每个项目都能面面俱到,教师要根据具体的培养方向(掌握新知识、新技能还是培养其他能力或是复习以往知识)来确立最合适的项目。

教师与学生共同确定教学项目,这一阶段实施具有的优点是:能够有效激励参与人员来实施项目,并且唤起所有参与人员的兴趣和参与意识。缺点是:整个班级或小组协调统一完成一个相同的项目任务,容易出现教师主导确定项目主题的不利局面。

因此选取项目时应扬长避短,最好遵循以下几个原则:

(1)项目目的性明确,即项目教学的整个过程应贯穿对企业所需能力的培养。

(2)项目中需要解决问题应同时包含理论和实践两个元素,项目涉及的知识点应包含或超出教材内容,使得项目学习的过程既能达到教学大纲的要求,又能对所学知识有一定的扩展和延伸。

(3)选取项目要考虑其实用性,项目成果能够明确定义,使学生顶岗实习或毕业后会举一反三,很快上手。

(4)项目具有一定的难度,教师在项目的开展中启发学生对相关知识点进行思考和研究,使学生在问题解决的过程中锻炼实践能力。

(5)项目应提供小组合作机会,使学生在小组协作过程中锻炼其协作能力。

(6)项目具有一定的灵活性,允许学生发挥自身创新力形成个性化的项目。教师设计的项目要经过仔细酝酿、精心设计、反复论证,项目的设计应由专业教师组成的问题设计小组进行,也可以由学生提出,再通过教师讨论后进一步修改和整理得出。

2. 制订项目计划

学生一般以小组方式寻找与项目相关的信息,制订工作计划。这样使得学生可以在一定的时间范围内自行组织、安排自己的学习行为,各小组以合作的形式分析项目要求。各小组的项目实施计划应包括的内容有:各个工作步骤综述、工作小组安排、权责分配、项目任务的进度时间表、项目任务拟达到的目标以及要解决的主要问题、要查阅的资料及资料来源以及其他等等。教师根据需要给学生提供咨询。本阶段中心任务有两方面,一是工作计划的制订,二是学生通过调研、实验和研究来搜集信息、来决策,如何具体实施完成项目计划中所确定的工作任务。这一阶段的实施有助于培养学生独立设计项目实施的具体内容和方法,自主分配项目任务的能力。

在这一阶段,教师需要注意这样两个问题:

(1)分组以少于8人一组为宜,如果条件允许,最好每组需配备一位指导老师。每组人数过多很难保证项目教学的质量,因而需要学校配备有足够的师资。

(2)教师是项目基本材料的提供者,要将准备好的项目背景材料提供给学生。由于学生知识、经验有限,因此,教师要引导学生理解项目要求,并鼓励学生搜集其他相关资料,拓展思维,制订出适合的项目工作计划。这就需要专业教师在平时广泛深入生产一线调查研究,在自己熟悉的专业领域内对学生理解项目要求、收集相关材料等方面给予指导。

3. 项目的实施

学生根据最终确定的计划方案,以小组工作的形式,通过调研、实验和研究来有步骤的解决项目问题,并作好实施过程的相关文字记录。这一阶段有助于培养学生的协同工作能力。项目教学过程应充分体现真实的职业环境,让所有的学生在一个真实的职业环境下,按照企业岗位对基本技能的要求,得到实际操作能力和理论知识的综合培养。因而,实施项目教学,就必然会对学校的实训设备与场所提出严格的要求,学校需要考虑现有班级学生人数情况,以配备相应的专业实训设施。另外,为保证学生能顺利查找资料、动手实践,需要扩大图书馆藏书量,添置必要的实验设备、教学仪器、网络设施等,对采用项目教学法教学的班级开放图书馆及电子阅览室、实验室等。

在这个阶段中,教师的主要工作是:(1)创设学习的资源和环境。(2)在整个项目实施过程中起组织者角色,指导各小组的项目实施过程。学生受到自身知识和能力的制约,实施项目学习过程中难免遇到问题和困难,走弯路或错路,因此,教师在项目实施过程中应做好观察者和协调者的角色。在观察和协调中完成"督导"、"点化"作用。对于能力不同的学生,要采用不同的指导方法。当项目任务进展中遭遇到了学生能力范围之外的困难,发现了严重影响项目执行的意外事件时,教师需要提供紧急援助。另外,还要监督整个项目的进度情况,对项目的整个过程和进度做到心中有数。

4. 评价总结

此阶段在项目教学法中具有重要意义。可以先由各小组内成员根据教师已制定的评价标准进行自检,自我评价主要是让学生采用自我反思和总结的方式,将任务完成过程中出现的问题、解决的方法、获得的经验、体会和感受等记录下来。再由小组成员之间进行互评,小组互评主要是让小组中每个成员相互评价,对他人任务完成过程中表现的能力、技术等做出详细的评价。最后由师生针对项目问题其他解决方案、项目过程中的错误和成功之处进行讨论,对项目的成果、学习过程、项目经历和经验进行评价和总结。教师对学生的评价则是从教师角度,分析每个学生的学习成果,关注学生的每一点进步。这一阶段有助于促进学生形成对工作成果、工作方式、以及工作经验进行自我评价的能力。

在这一阶段,要对项目成果进行理论性深化,使学生意识到理论和实践之间的内在联系并且明确项目问题与后续教学内容间的联系。教师应注意,要以鼓励和赞扬为主,中肯地对项目成果进行评价。项目教学重视学生的学习过程而不是学习结果,因此,评价重在对过程的评价,包括学生在项目中的参与程度,所起作用以及学生的团结协作精神、创新精神等方面,对学生自身实践能力的形成和提高要给予充分的评价,从而鼓励学生积极参与,激发兴趣,体验成功,尝试失败,培养其热爱专业,勇于创新,乐于实践,与人和谐等多方面综合素质,使学生在一个接一个项目中自动成长,形成螺旋式上升的过程。

11.2.3 优缺点分析

总的说来,项目教学法的优点有:通过实践和理论的结合,学生的学习兴趣较高;通过小组的分工协作,可以学生促进团队工作能力的发展;项目教学法提倡实践和问题为导向,可以促进学生独立工作的能力和自我责任意识的培养。但是项目教学法也具有一些缺点,比如要求高、准备工作繁重,占用时间相对较多等。

11.3　通信技术专业项目教学法应用--

下面以几个实际的教学案例来具体讲解项目教学法的应用。针对某一特定的教学活动,采用何种教学方法,往往从该教学活动实施的目的出发进行考虑。下述教学案例实施的目的是希望能够培养学生的动手能力、综合分析问题和解决问题的能力。项目教学法在培养学生实际的动手能力上效果更为明显,因此,相对于其他专业教学法而言,在培养学生综合分析能力和动手能力上,选择项目教学法更加适合。

以 ADSL 宽带安装规范的制定为例,ADSL 宽带安装规范的制定要求学生具有较高的实践动手能力及综合解决问题的能力,学生在完成 ADSL 宽带安装规范的制定过程中,能够利用学过的知识,综合的解决问题,同时可以深化对教材知识点的认识,提升实际操作能力,并培养自己的团队协作能力。

下面详细描述 ADSL 宽带安装规范的制定过程中采用项目教学法的教学过程:

1. 确定教学项目

为了培养学生 ADSL 宽带安装的实际动手能力,教师结合实际情况,可以选取项目:ADSL 宽带安装规范的制定。

在项目教学过程中,教师应传授与项目相关的基本理论知识,教师在对理论知识进行讲解时,应从项目的技能模块出发,查漏补缺讲解知识点,及时地引导学生把学到的知识应用到项目中去,用已学的知识去解决项目中的问题,鼓励学生之间进行经验交流和技术探讨。

例如,教师可以根据 ADSL 宽带安装规范制定的要求,把理论知识的讲解分成三部分:

第一部分,对计算机软硬件、局域网、互联网、电信 IP 网络以及 ADSL 接入网的基础知识做一个讲解。帮助学生对 ADSL 宽带接入业务、ADSL 的原理有一个总体的认识。

第二部分,对 ADSL 宽带安装步骤进行讲解,帮助学生理清项目所需的各种设备、各项条件,理解项目的要求。

第三部分,对安装过程中可能出现的各种异常情况以及常用的处理措施作讲解。

在项目教学过程中,学生能够利用所学的 ADSL 宽带安装知识,去解决新的问题,经过分组讨论,最终形成 ADSL 宽带安装规范。在此过程中,学生能够深化对 ADSL 接入网的基础知识、ADSL 的宽带安装步骤、所需设备以及 ADSL 安装中常见问题的处理策略的认识。

2. 协助制定项目计划

教师将参与 ADSL 宽带安装规范制定项目的学生分成多个组,每组 6～8 人。学生根据教师传授的基本知识、项目的整体要求制定项目计划。在制定项目计划的过程中,教师应给予协助指导。项目计划应当包含这样几项:

(1)项目任务的进度时间表

进度时间表应该结合项目实际,合理安排各时段应完成的任务,任务划分必须明确。如果任务划分不明确,或者时间没有严格限定,可能会使得项目不能如期完成。进度时间表一旦排定,应严格按照进度时间表执行项目任务。无特殊情况,不要轻易更改。教师应根据进度时间表,定期检查学生项目完成进度,并对存在的问题给予指导和帮助。

此项目的进度时间见表 11.1(仅供参考)。

表 11.1 ADSL 宽带安装规范制定项目进度表

时间起始	任务内容	存在问题	完成情况
*******	任务一:局端跳线设置规范制定	*****	*****
*******	任务二:入户线检查规范制定	*****	*****
*******	任务三:用户室内线检查规范制定	*****	*****
*******	任务四:分离器安装连接检查规范制定	*****	*****
*******	任务五:Modem 安装规范制定	*****	*****
*******	任务六:拨号软件安装规范制定	*****	*****
*******	任务七:现场简单培训规范制定	*****	*****
*******	任务八:服务规范制定	*****	*****

(2)项目任务拟达到的目标以及要解决的主要问题

此项目拟定达到的目标是利用 ADSL 宽带接入的基本原理、安装的步骤,完成 ADSL 宽带安装规范的制定,使学生深入理解 ADSL 相关知识,进而使得学生在毕业后顶岗实习和工作中完成相关任务时能很快上手。

项目解决的主要问题有以下一些:

①安装 ADSL 时,局端跳线如何检查? 规范如何制定?

②对入户线有何要求? 入户线检查规范如何制定?

③用户室内线检查规范如何制定? 户室内线检查规范如何制定?

④ADSL 用户端设备,具体包括语音分离器和 ADSL Modem,应当如何安装?

⑤ADSL 如何进行软件安装? 在 Windows 下设置 ADSL 拨号连接的步骤如何?

⑥现场简单培训如何进行?

⑦服务规范如何制定?

(3)查阅的资料及资料来源以及相关的材料

学生需要查阅的资料主要来自于教师事先准备好的 ADSL 宽带安装的项目背景材料以及教材、图书馆和网络的一切可用资源。

项目需要准备的材料:

①一块 10 M 或 10 M/100 M 自适应网卡。

②一个 ADSL 调制解调器。

③一个信号分离器。

④两根 RJ-11 电话线。

⑤一根 RJ-45 网络线。

3. 项目的实施

学生根据制定好的项目计划,分小组进行 ADSL 宽带安装规范制定。学生确定各自在小组的分工以及小组成员合作的形式,然后按照已确立的工作步骤和程序工作,尽可能自己克服困难,处理在项目工作中出现的问题。教师在项目实施的过程中,主要起组织和督导作用,协助学生完成项目计划表中每一项任务。对于项目需要解决的主要问题,以学生自主完成为主,教师从旁点化为辅。

（1）针对需要完成的第一项任务,教师可以在条件允许的情况下,带领学生到局端机房进行实地考察,引导学生对语音交换机和网络交换机的功能进行讨论,同时提出问题:只报装电话的用户,运营商在机房只给用户连接到了语音交换机上,而报装了 ADSL 的用户是否应该连接到网络交换机上? 如何连接? 此步可帮助学生对 ADSL 工作的原理有更深的理解。学生可以在机房人员和教师的协助下,完成 ADSL 局端跳线的设置,并总结完成 ADSL 局端跳线设置的规范的制定。

（2）针对需要完成的第二项任务,教师可以在实验室的环境下,引导学生从常规的角度来思考问题,完成任务。教师可以从旁点化,例如,安装 ADSL 时对用户线路的要求如何? ADSL用户线路是否要有桥接抽头? 安装前,如果用户的入户线是非双绞线,是否需要更换入户线? 如何更换? 更换时需要满足什么要求? 从而协助学生总结完成 ADSL 入户线设置的规范的制定。

（3）针对需要完成的第三项任务,教师应当在多方面引导学生,充分考虑到用户家中布线各种情况对入户线的影响,比如,入户线与家中布线接头能否直接拧在一起,布线长度多少为宜等等,帮助学生总结完成 ADSL 家中布线设置的规范的制定。

（4）针对需要完成的第四项任务和第五项任务,教师应提醒学生注意要根据室内电话的连接方式,因地制宜选择适当的室内线路的连接方案。例如,对于在 ADSL 承载电话上同时安装有多部电话机的用户,如何进行 ADSL 用户端设备的连接安装? 教师应引导学生要在ADSL宽带安装之前,了解分离器的使用原理,从而能够在多种正确连接方案中选择一种。另外,在安装设备的过程中,教师应从旁引导学生了解 ADSL Modem 安装的注意事项有哪些,目前常用的 ADSL Modem 的状态指示灯的含义如何,安装成功后指示灯如何显示等。在安装成功后,教师帮助学生总结完成 ADSL 分离器安装连接检查规范和 Modem 安装规范的制定。

（5）针对需要完成的第六项任务,教师应引导学生对 PPPoE 协议进行相应的了解以及如何检查网卡设置、如何安装拨号软件,或者利用 Windows 的连接向导如何建立 ADSL 虚拟拨号连接等。之后,学生总结完成拨号软件安装规范的制定。

（6）针对需要完成的第七项任务,教师引导学生站在用户的角度来思考,学生可以走向社会,走向具体的 ADSL 用户,去了解普通用户在使用 ADSL 宽带业务所遇到的问题,并结合课本知识及相关资料,给出现场培训的相关内容。比如,上网的基本知识,拨号软件如何使用,账号如何使用,Modem 和分离器如何使用等等,最终确立出现场简单培训的规范。

（7）针对需要完成的第八项任务,教师可以引导学生模拟整个宽带安装的过程,站在ADSL 安装人员的立场,确立出包括上门人员的仪容仪表,上门人员装机的注意事项等规范。

在整个项目的过程中,教师还要负责监督整个项目的进度情况,对未按要求完成任务的小组,教师要和学生讨论项目未按时完成的原因,帮助学生赶上进度。在完成所有任务后,学生完成相应的项目报告。

4. 评价总结

先由学生根据教师已制定的评价标准进行自我评估和小组评估,之后再由教师对学生的项目报告进行检查及评分。检查内容包括项目计划表中各项任务的完成进度和完成情况,评分标准主要是判断规范制定是否合理,除此之外,学生对该项目的参与态度以及是否具有创新也是评分的很重要的依据。

11.4 通信技术专业项目教学法应用二

以 CDMA 无线网络的优化为例,CDMA 无线网络的优化要求学生能够充分应用所学的 CDMA 相关知识,解决现实存在的 CDMA 无线网络优化的各种问题。

1. 确定教学项目

网络优化是整个无线网络建设中重要的一环,无线网络的性能随着网络的不断发展、用户数量的不断增长,以及用户分布的变化而不断变化,适时的网络优化是网络性能满足用户要求的保障。CDMA 网络优化这个项目紧贴生活实际,因此项目的选取本身就非常有意义。

教学项目确定之后,应向学生传授及巩固与项目相关的基本理论知识,根据 CDMA 无线网络的优化的要求,把理论知识的讲解分成三部分:

第一部分,对 CDMA 系统,功率控制,干扰分析、功率配置,切换规划,软切换等基础知识做一个讲解,帮助学生对 CDMA 网络有一个总体的认识。

第二部分,对网络优化的基本要求进行讲解,帮助学生理清项目所需的各种设备、各项条件,理解项目的要求。

第三部分,对优化过程中可能出现的各种情况以及常用的处理作讲解。

2. 协助制定项目计划

教师将参与 CDMA 无线网络的优化项目的学生进行分组,学生根据所学知识以及项目的要求,制定项目计划。在制定项目计划的过程中,教师应给予协助指导。此处与前面的项目教学法案例类似,项目计划同样包含以下几项:

(1)项目任务的进度时间表

本项目的进度时间见表 11.2(仅供参考)。

表 11.2 CDMA 无线网络的优化项目进度表

时间起始	任务内容	存在问题	完成情况
*******	任务一:需求分析	*****	*****
*******	任务二:频谱扫描	*****	*****
*******	任务三:单站抽检	*****	*****
*******	任务四:校准测试	*****	*****
*******	任务五:基站簇优化	*****	*****
*******	任务六:全网优化	*****	*****

(2)项目任务拟达到的目标以及要解决的主要问题

此项目拟定达到的目标是学生可以利用 CDMA 的相关基础知识,完成 CDMA 无线网络的优化,学生在项目教学过程中可以得到综合锻炼,能力得到较大的提升,毕业后从事相关工作也能较快的上岗。

项目解决的主要问题有以下一些:

①做需求分析时,针对无线网络的优化,需要事先收集的信息或需要确认的内容有哪些?

②完整的频谱扫描包括路测和定点测试,做频谱扫描时需要执行的工作有哪些?

③为了保证网优工作有序执行,有必要进行单站抽检。单站抽检需要完成哪些工作?单站检查包含哪些内容?

④网络优化过程中,校准测试方式有几种?室内穿透损耗测试如何做?

⑤基站簇如何划分?多个基站簇优化如何进行?

⑥全网优化的工作流程如何?

(3)查阅的资料及资料来源

学生需要查阅的资料主要来自教材、图书馆和网络的一切可用资源。

3. 项目的实施

学生根据制定好的项目计划,分小组进行 CDMA 无线网络的优化。学生分组进行讨论,制定工作计划,并按照计划认真完成每一项任务。教师组织和督导学生完成项目,对学生的疑难进行协助,整个项目以学生自主完成为中心,教师从旁协助。

(1)针对需要完成的第一项任务,学生在教师的引导下获取项目的具体需求,包括客户对优化效果的预期,优化验收标准等,由于本阶段执行时,网络已经开通,通过和客户交流可以收集到网络的具体信息。对于需要收集的信息,教师从旁引导,例如覆盖和容量需求如何、现有网络站点信息如何、收集系统的参数设置情况如何等,从而协助学生完成需求分析阶段信息的收集。

(2)针对需要完成的第二项任务,教师仍以从旁指导为主,引导学生从常规的角度来思考问题,完成任务。例如,排除掉干扰查找的工作,对于频谱扫描这部分,测试路线如何选择;进行路测时,前向频段和后向频段测试时需注意的内容;在分析路测数据时,定点测试的测试点的选择;对选定测试点测试的方法;对测试数据处理,如何找出干扰信号,如何计算是否对 C 网系统产生干扰等等。

(3)针对需要完成的第三项任务,教师应让学生明白此阶段进行的目的是确保单站的正常工作,避免单站问题影响整体网络性能,对于具体执行的内容,学生在教师的协助下,完成抽检站点的选择,抽检站点的检查。单站检查时,应对天馈系统、无线参数、前后台配置、告警、性能等各方面进行检查。具体如何检查,由老师引导学生自主完成。

(4)针对需要完成的第四项任务,教师应提醒学生注意多种不同的校准方式,例如室内穿透损耗测试、车载天线校准测试、移动台外接天线测试、车体平均穿透测试等校准方式实施的差异。

(5)针对需要完成的第五项任务,教师应让学生明白此阶段进行的目的是分区域定位,解决网络中存在的问题,主要解决前期网络评估,分簇测试和其他途径发现的本簇的问题。对于基站簇优化的主要工作,学生在完成时,教师要引导学生思考基站簇划分的几种不同标准,针对实际情况如何进行选择较为适合的标准。基站簇优化可以串行或并行执行,这两种方式执行时有没有差异。针对本簇存在的问题信息,如何进行分析定位,进而给出调整方案,并实施调整方案。

(6)针对需要完成的第六项任务,教师应让学生明白此阶段进行的目的是考虑到在基站簇优化后,在局部区域,尤其是各个簇基站的重叠区,可能还有一些问题,需要对网络进行局部调整,进而达到网络优化的最终目标。对全网优化的工作流程,教师指导学生确定,包括:明确优化目标,测试路线的确定,全面路测的进行,测试数据的分析,实施调整方案等。

另外,教师还要负责监督整个项目的情况,对学生的积极思考、认真完成任务给予表扬。在完成所有任务后,学生完成相应的项目报告。

4. 评价总结

分组完成项目后,由组长或组长组织学生进行自我评估和小组评估。之后由教师对学生的项目报告进行检查及评分。教师可选取部分小组,向全班展示频谱扫描结果、单站检查结果,问题分析及优化方案,优化后的测试结果等。老师组织全班讨论项目实施过程中遇到的典型问题和特殊问题及解决方法,总结网络优化的一般过程和方法。

11.5 通信技术专业项目教学法应用三

本节以 SDH 设备链形组网教学内容为例,说明项目教学法的具体应用。

1. 确定教学项目

SDH(Synchronous Digital Hierarchy,同步数字系列)是一种将复接、线路传输及交换功能融为一体、并由统一网管系统操作的综合信息传送网络,是美国贝尔通信技术研究所提出来的同步光网络(SONET)。国际电话电报咨询委员会(CCITT)(现 ITU-T)于 1988 年接受了SONET 概念并重新命名为 SDH,使其成为不仅适用于光纤也适用于微波和卫星传输的通用技术体制。它可实现网络有效管理、实时业务监控、动态网络维护、不同厂商设备间的互通等多项功能,能大大提高网络资源利用率、降低管理及维护费用、实现灵活可靠和高效的网络运行与维护,因此是当今世界信息领域在传输技术方面的发展和应用的热点,受到人们的广泛重视。

电信、联通、广电等电信运营商都已经大规模建设了基于 SDH 的骨干光传输网络。SDH组网及数据配置是通信设备维护岗位中的重要工作之一。链形组网及数据配置是 SDH 设备组网形态中较为简单和典型工作项目。

典型的链形网如图 11.1 所示。

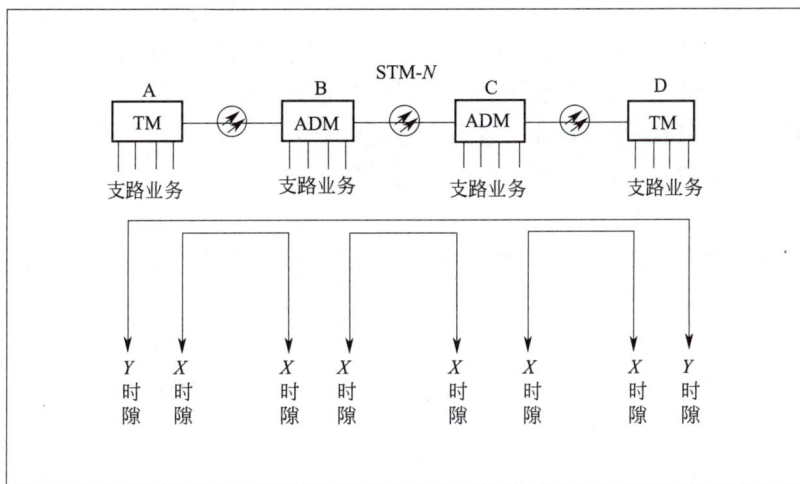

图 11.1　链形网组网

在完成项目的过程中,学生将基于教师提供和自己组织技术资料,学习和掌握光传输系统的方案设计、设备安装、数据配置,并计划工作过程;在操作使用设备的时候,学生将准确应用必要的保护措施和遵守相应的安全操作规章;为达成项目目标,选择必要的工具设备和必需的检测和测量仪器,并学会正确使用;项目完成后,能够撰写和提交 SDH 设备链形组网的说明书和报告。在本项目教学过程中,教师应注意与通信运营商、代维公司传输设备维护岗位的相关技能要求相衔接。

为顺利完成本项目的教学,教师需要学生讲解与本项目内容相关的基本理论知识包括:

（1）与本项目有关的 SDH 组网设备（TM 终端复用器，ADM 分/插复用器，REG 再生中继器，DXC 数字交叉连接设备等）的类型与基本功能。

（2）链形组网拓扑结构、特点和业务配置情况。

在讲解本部分内容时，可扩展讲解星形、环形等结构，以作为对比学习的资料。

（3）完成项目过程中，应注意和遵守的相关保护措施和安全操作规章。

2．协助制定项目计划

在同学生们一起确定了项目目标和完成必要知识的传授后，教师组织学生分组完成项目，以每组 4～6 人为宜。学生分组搜集和分析资料，教师在这个过程中协助学生拟定主要的工作任务和项目工作进度表。

（1）完成项目任务进度时间表（见表 11.3）

根据通信机务维护项目的特点，一般将项目划分为若干任务依次完成。

表 11.3　SDH 链形组网项目进度表

时间起始	任务内容	存在问题	完成情况
*******	任务一：项目需求分析	*****	*****
*******	任务二：设备安装	*****	*****
*******	任务三：组网配置和调试	*****	*****
*******	任务四：组网测试、误码测试	*****	*****
*******	任务五：完成项目报告	*****	*****

（2）对项目任务、小组工作和项目实施过程中将面临的主要问题等进行说明。

①组网结构中有多少个网元，分别是什么类型，是否需要保护设计？

②各网元接口传输速率、工作波长、匹配阻抗、是否采用单元保护？

③根据需求，如何确定业务矩阵中各站点之间的业务量？

④根据站点之间的业务量，如何为站点链路分配时隙？

⑤是否需要安装设备？安装设备时的操作规范有哪些？

⑥利用设备的网管软件完成数据配置时，需要使用哪些功能？如何完成相关操作？

⑦如何验证项目目标已经达成？

3．项目的实施

学生分小组，根据项目进度表完成各项任务。教师组织和引导学生完成项目，回答学生疑问，提醒学生规范操作和注意安全。

（1）针对项目需求分析任务，教师指导学生理论联系实际，根据需求完成设备选型、填写业务矩阵等准备工作，收集机务维护操作规范资料。

（2）在设备安装任务中，教师可指导学生认识设备，也可由学生根据收集的资料选出对应设备。需要安装和连接设备时，由于通信设备一般都比较昂贵，教师最好先进行示范，在确定学生确实掌握操作规范和注意事项后，才允许学生实施安装。

（3）组网配置和调试，这个任务主要利用网管软件完成，教师可以只在学生遇到软件界面的操作困难时，予以必要的协助。

（4）测试和错误分析，教师指导学生制定测试计划和选择测试工具。学生在完成测试后，分析测试数据，对存在的错误进行分析。根据分析结果，可能需要调整组网计划或配置内容。教师可对学生的调整内容进行必要协助。

（5）撰写项目有关材料。

4．评价总结

小组长或另外成员陈述网络结构，展示结构图，数据配置情况，误码测试情况，测试数据报告等。说明该网络可能存在的缺点。陈述过程中，其他组员可提问，教师及时对问题进行补充说明或引申，引申的主要方向包括：链形组网特点、优缺点、操作规范和安全保障等。

11.6　小结和作业

项目教学法把教学内容与项目的有机结合在一起，使学生在接近工作实际的环境中进行实践学习，充分发掘了学生的创造潜能，提高了学生解决实际问题的综合能力。在教学过程中适当引入项目教学法，可以提高学生实践动手能力，团队协作能力，自主学习能力，创新能力。

请参训教师拟定一个专业项目题目，设计项目任务书，项目成果形式，成果相关参数和测试方式，评价方式和评分细则等，完成一个项目教学法应用在通信技术专业的教学方案。

（1）你选择的专业教学法应用题目是＿＿＿＿＿＿＿＿＿＿＿＿＿，选择这个题目的原因？

（2）请分析你设计的项目预计的完成时间、学生完成的难度和可行性。

（3）请介绍项目教学过程中，各环节主要的教师行为和学生行为。

（4）请介绍本项目成果迁移的导向。

（5）完成本专业教学法示范课。

（6）请总结本次教案设计和示范课的得失。

◀◀◀◀ 参考文献 ▶▶▶▶

［1］ 邓泽民.职业教育教学设计.北京:中国铁道出版社,2006.

［2］ 姜大源.职业教育的教学方法论.中国职业技术教育,2007,25.

［3］ 黄甫全.现代教学论学程.北京:教育科学出版社,1998.

［4］ 邓泽民.职业学校学生职业能力形成于教学模式研究.北京:高等教育出版社,2002.

［5］ 百度百科.http://baike.daidu.com.

［6］ Wilbert J McKeachie. Research on Teching at College and University Level in Handbook of Research on Teaching,1980.

［7］ Wilbert J McKeachie. Effective College Teaching,Review of Research in Education,1975.

［8］ 徐少红.模拟教学法及其实施.机械职业教育,2007,04.

［9］ 蒋国涛.成人高等教育教学特点及实施方法.中国成人教育,2004.

［10］ 刘永忠.计算机课程项目教学法研究.文教资料,2005(5):121.

［11］ 王有明.什么是项目教学法.职业技术教育,2003,7.

［12］ 冷淑君.关于项目教学法的探索与实践.江西教育科研,2007(7):119-120.

［13］ 乐文行.浅谈项目教学法在计算机软件教学中的应用.广西教育学院学报,2005(6):57-59.

［14］ 单维峰,韦继林,李忠华,等.项目教学法在 ASP. NET 课程教学中的应用.教育与教学研究,2008(12):55-57.

［15］ 欧文锐.项目教学法在 Corel Draw 课程中的应用.建筑教育研究,2009,8(1):9.

［16］ 王锦.电话机原理、装调与维修.北京:电子工业出版社,2005.

后　　记

职业教育是以能力（包括专业技能、学习能力、创新能力及社会基本适应能力等综合能力）培养为中心的教育，培养生产、建设、管理、服务第一线的技术应用型人才。在教学过程中，如何选择切实可行的教学方法和手段，有效地实现教学目标，培养满足社会需求的职业人才，是每个教师必须认真思考的问题。同时，掌握和熟练运用适应专业教学要求的现代职业教育教学方法也是每个教师必备的技能。

在本书的最后，我们集合各位作者、专家和参编教师的实践总结和思考，对中等职业学校通信技术专业教师在教学活动中根据教学内容优选专业教学法进行建议，供读者参考。

通信技术专业教学法应用建议

专业方向	教学内容	专业教学法建议
通信终端维修	维修工作礼仪和规范	角色扮演法、企业考察法
	固定终端原理及维修	引导文教学法、任务驱动法、案例教学法、项目教学法
	移动终端维修	引导文教学法、任务驱动法、案例教学法、项目教学法
宽带服务	宽带设备原理及安装	引导文教学法、任务驱动法、项目教学法
	宽带通信质量测试	任务驱动法、模拟教学法、案例教学法
	宽带通信故障处理	任务驱动法、模拟教学法、案例教学法、项目教学法
通信线务	电缆维护	任务驱动法、模拟教学法、案例教学法、项目教学法
	光缆维护	任务驱动法、模拟教学法、案例教学法、项目教学法
	干线与管道维护	任务驱动法、模拟教学法、案例教学法、项目教学法
	安全生产规范	模拟法、企业考察法
通信交换系统维护	交换原理	引导文教学法、模拟教学法
	交换系统维护	任务驱动法、模拟教学法、案例教学法
	交换机日常业务管理	任务驱动法、模拟教学法、项目教学法、企业考察法
移动通信系统维护	基站维护	任务驱动法、模拟教学法、案例教学法
	天馈系统维护	任务驱动法、模拟教学法、案例教学法
	网络优化	引导文教学法、模拟教学法、案例教学法、项目教学法
通信传输系统维护	传输网原理	引导文教学法、模拟教学法
	传输设备维护	任务驱动法、模拟教学法、案例教学法
	传输网络维护	任务驱动法、模拟教学法、案例教学法、项目教学法
通信动力系统维护	动力设备维护	引导文教学法、任务驱动法、模拟教学法
	动力设备测试	任务驱动法、模拟教学法、案例教学法
	日常管理和安全生产	任务驱动法、企业考察法